Friedhelm Heitmann

#einfachmathemagisch – Geometrie

Schülerarbeitsheft

Gedruckt auf umweltbewusst gefertigtem, chlorfrei gebleichtem und alterungsbeständigem Papier.

1. Auflage 2018

Covergrafik: © zagory – Shutterstock.com
Satz: Satzpunkt Ursula Ewert GmbH, Bayreuth

ISBN: 978-3-403-20328-5

www.persen.de

Inhalt

In der Mathematik besitzt die Geometrie einen festen Stellenwert. Geometrie ist bedeutsam, u.a. in der Arbeits- und Berufswelt. Das vorliegende Heft beschäftigt sich zuerst mit der Planimetrie (= Flächenlehre), danach mit der Stereometrie (= Raumlehre). Zuerst gilt es, Grundbegriffe der Planimetrie zu klären. Dann geht es um Winkel, die gemessen, gezeichnet oder berechnet werden müssen. Anschließend dreht sich das Geschehen um die Umfangs- und Flächenberechnung von Figuren wie Quadraten, Rechtecken, Rauten, Drachen, Parallelogrammen, Trapezen, Dreiecken und Kreisformen. Gesondert wird der Satz des Pythagoras behandelt. In der Stereometrie heißt es, Berechnungen an ebenflächigen Körpern (Würfel, Quader, quadratische Pyramide) sowie an krummflächigen Körpern (Zylinder, Kegel, Kugel) durchzuführen. Aufgaben zu zusammengesetzten Figuren sind zu lösen. Textaufgaben aus der Planimetrie und Stereometrie bilden den Abschluss der im Heft bearbeiteten Themen.

Planimetrie (Grundbegriffe) • 1

Was ist was?

Einige Buchstaben der Begriffe sind vorgegeben. Wie heißen die gesuchten Begriffe?

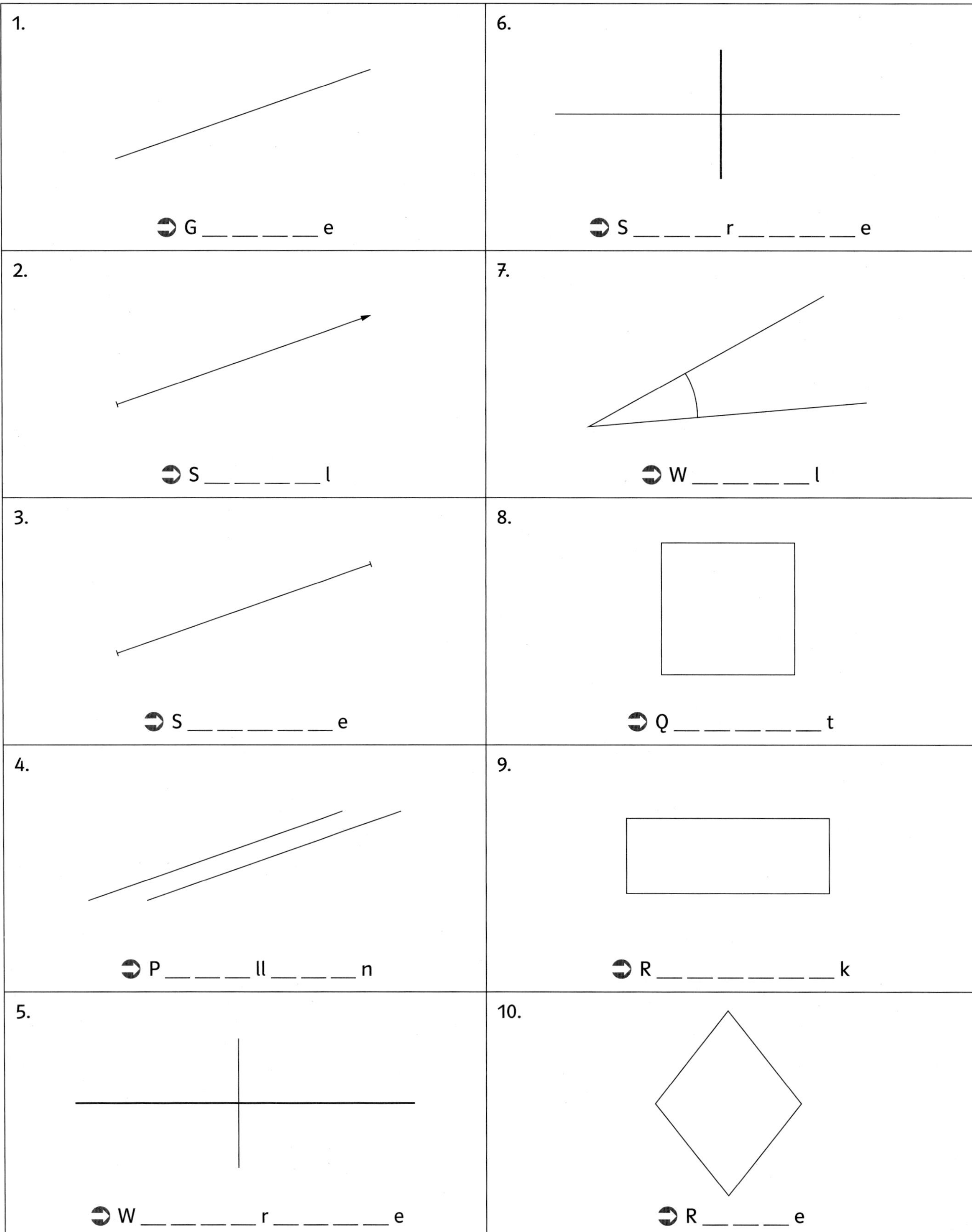

Planimetrie (Grundbegriffe) • 2

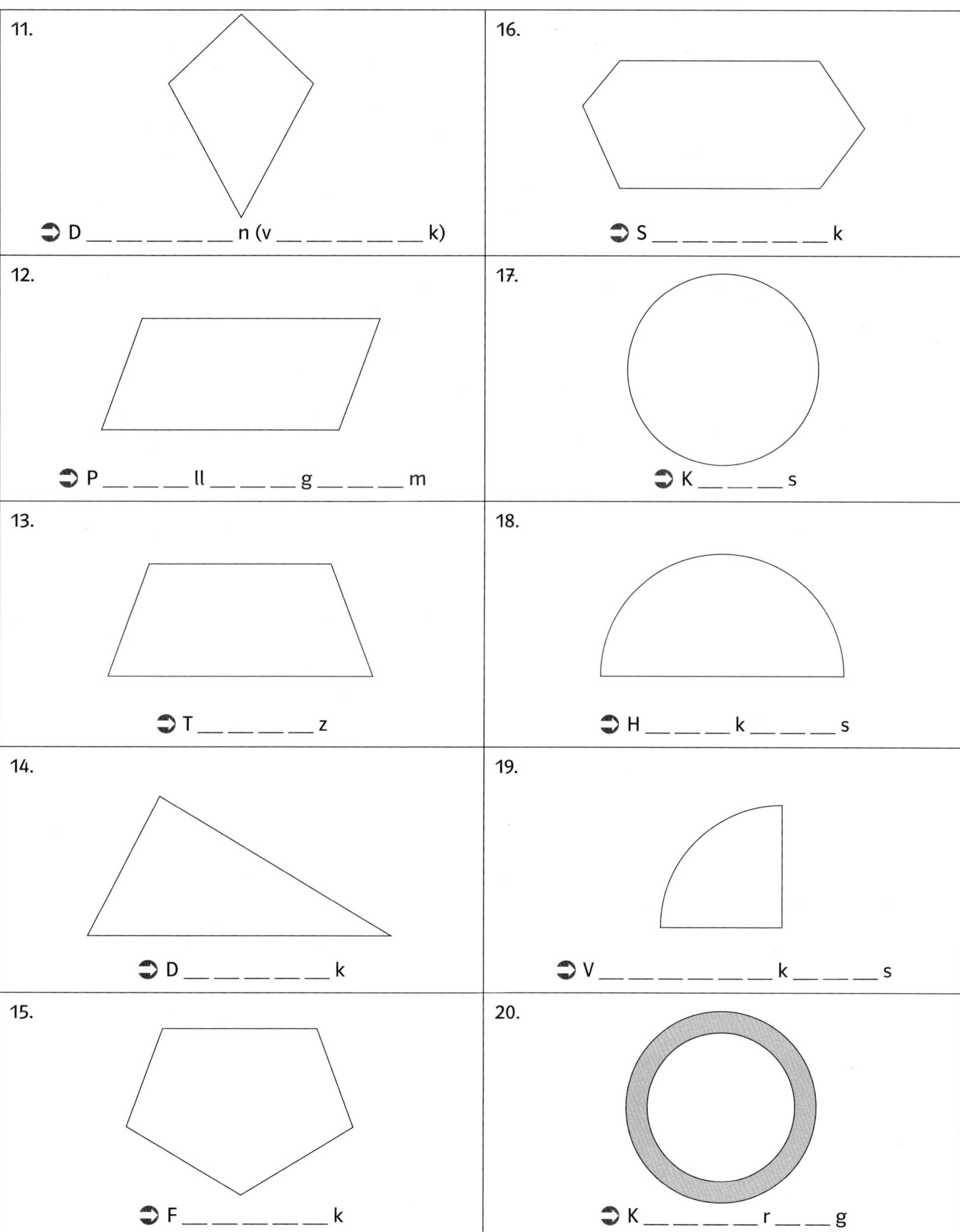

Winkel messen • 1

Ein Winkel lässt sich als Richtungsunterschied zweier Strahlen (Halbgeraden) bezeichnen. Die beiden Strahlen (Halbgeraden) sind die zwei Schenkel des Winkels.

Der gemeinsame Anfangspunkt der beiden Strahlen (Halbgeraden) ist der Scheitelpunkt des Winkels. Winkel werden meistens mit kleinen griechischen Buchstaben (α, β, γ, δ …) benannt. Die Größe der Winkel wird per Winkelmesser / Geodreieck gemessen und in Grad (°) angegeben.

Beim Messen muss die Nulllinie des Winkelmessers / Geodreiecks auf einem Schenkel des Winkels liegen. Außerdem muss sich der Nullpunkt des Winkelmessers / Geodreiecks auf dem Scheitelpunkt des Winkels befinden.

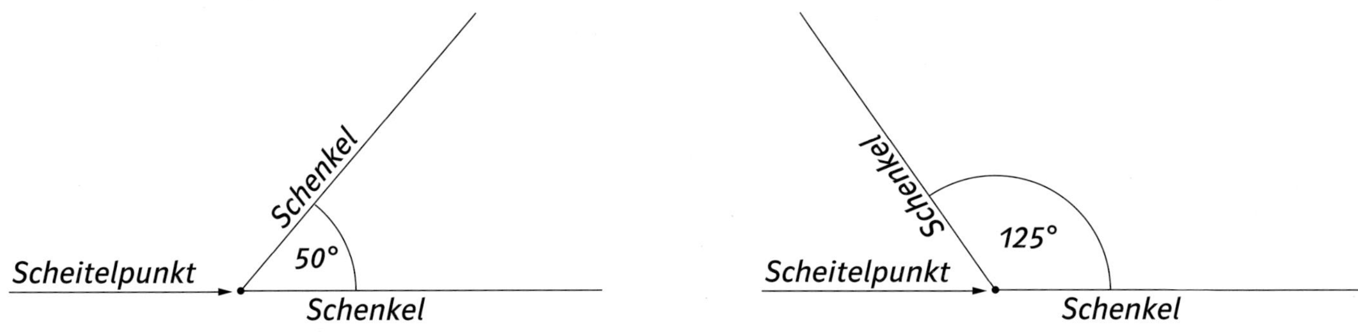

Miss! Wie groß sind die Winkel?

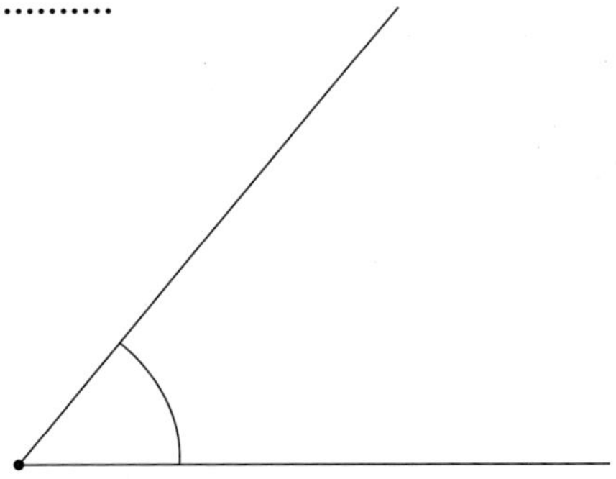

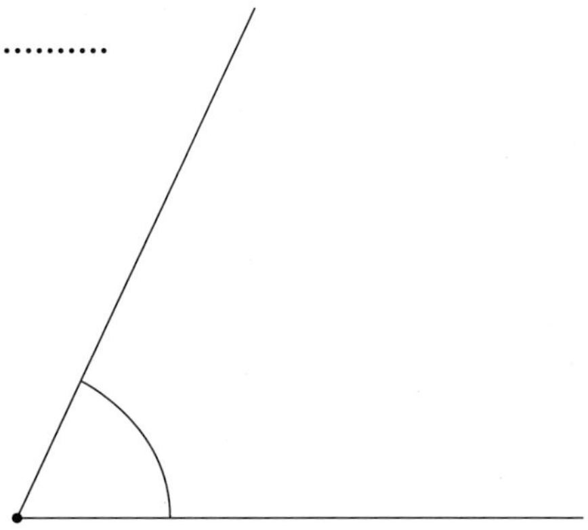

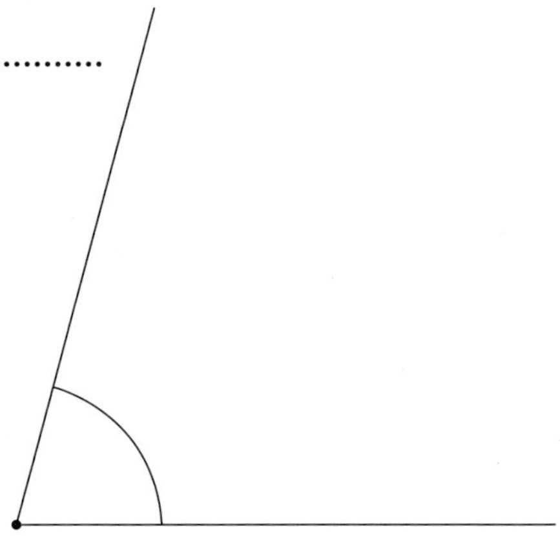

1. ➲	3. ➲ ....
2. ➲	4. ➲ ....

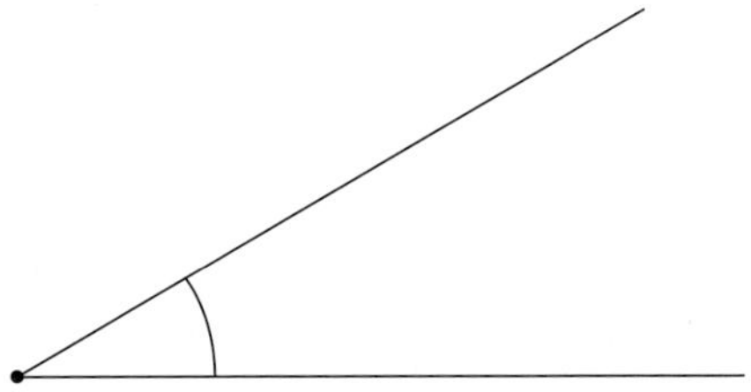

Winkel messen • 2

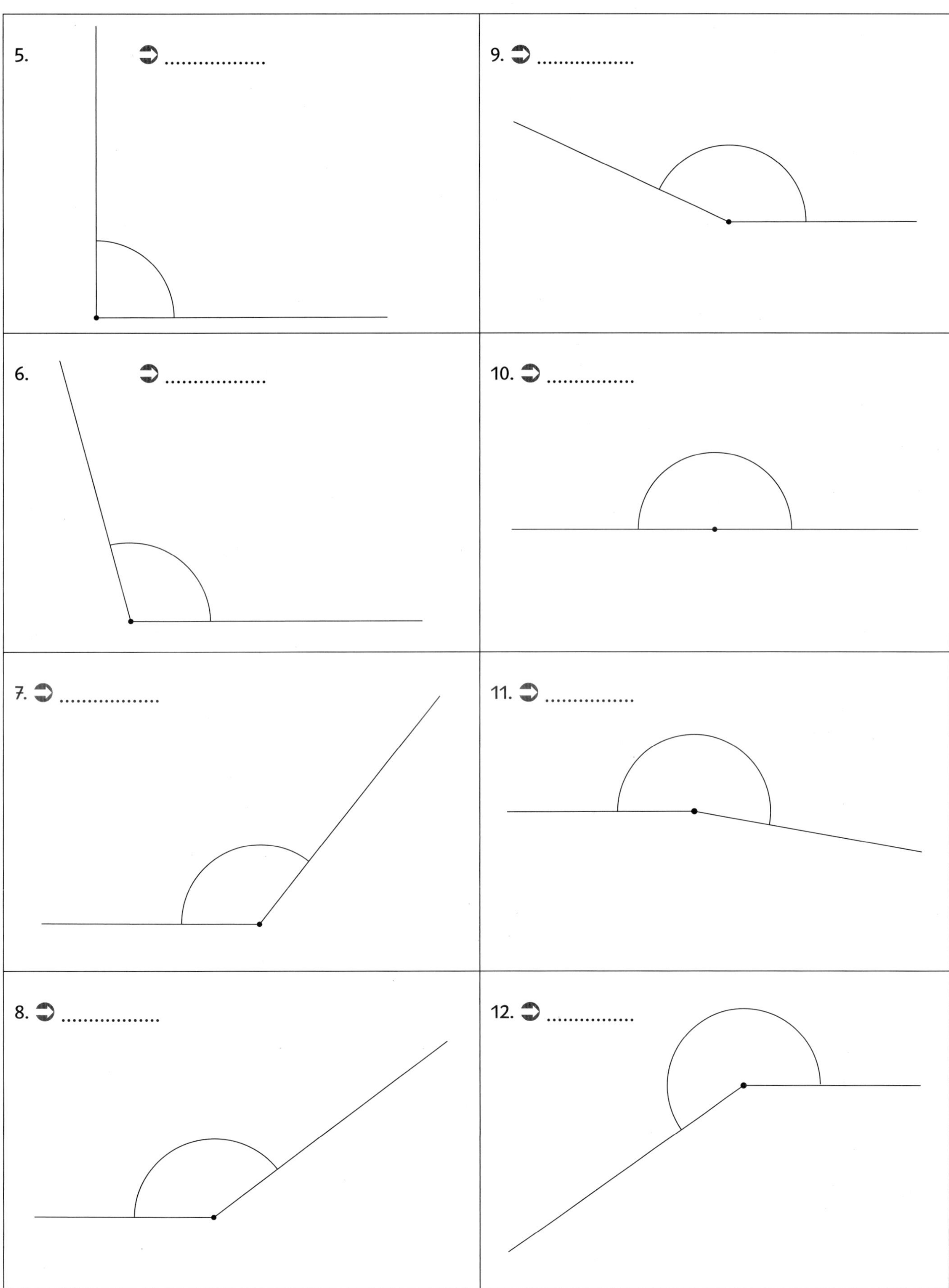

Winkel messen • 3

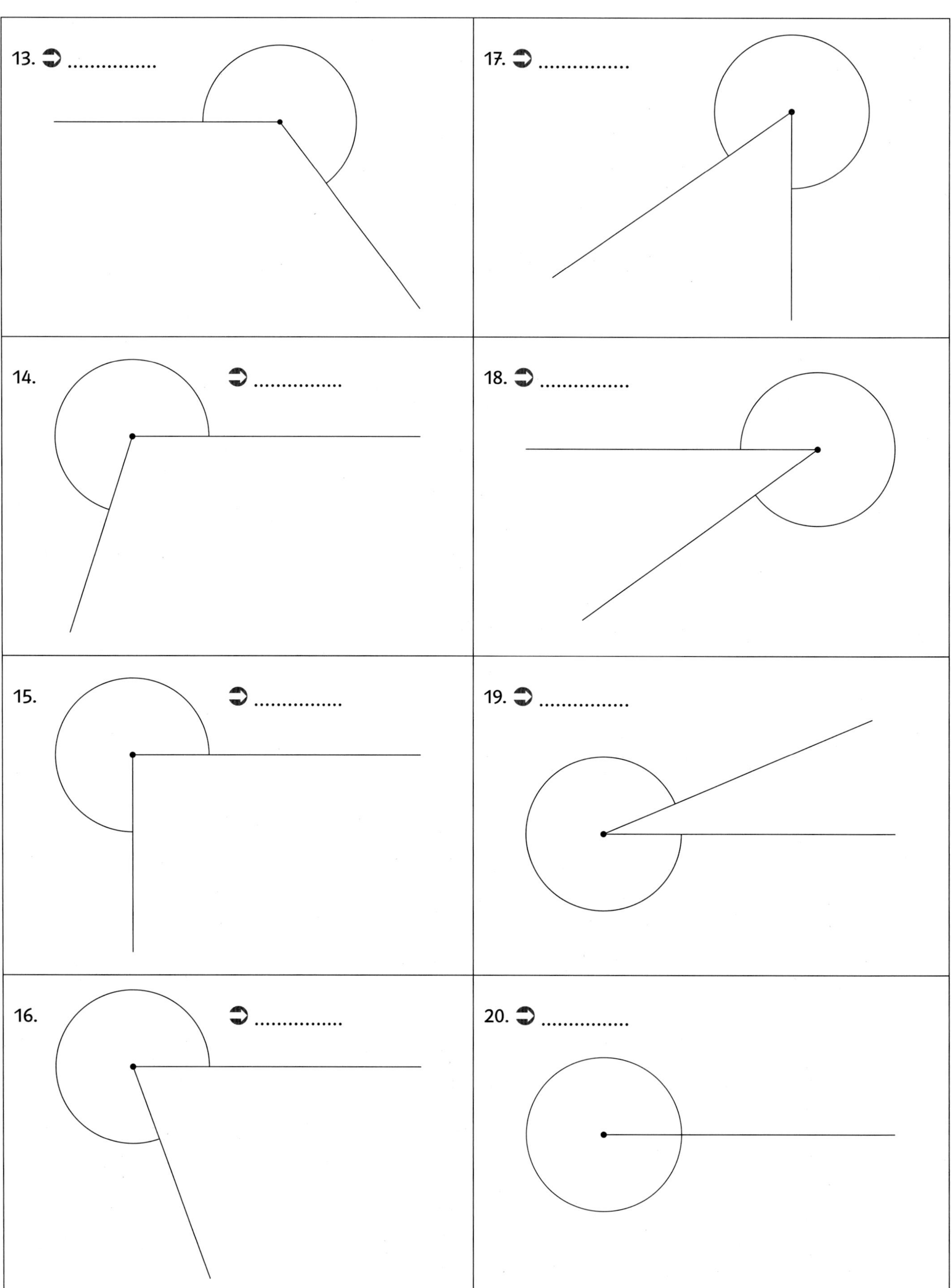

Winkel zeichnen • 1

Verschiedene Arten der Winkel werden unterschieden:

- Spitze Winkel: Die Winkel sind größer als 0°, aber kleiner als 90°.
- Rechter Winkel: Die Winkel sind genau 90° groß.
- Stumpfe Winkel: Die Winkel sind größer als 90°, aber kleiner als 180°.
- Gestreckte Winkel: Die Winkel sind genau 180° groß.
- Übertrumpfte Winkel: Die Winkel sind größer als 180°, aber kleiner als 360°.
- Vollwinkel: Die Winkel sind genau 360° groß.

Zeichne die folgenden Winkel!

Schreibe jeweils dazu, um welche Winkelart es sich handelt!

1. ➲ 20°-Winkel	4. ➲ 62°-Winkel
2. ➲ 40°-Winkel	5. ➲ 90°-Winkel
3. ➲ 45°-Winkel	6. ➲ 95°-Winkel

Winkel zeichnen • 2

7. ➲ 115°-Winkel	11. ➲ 200°-Winkel
8. ➲ 133°-Winkel	12. ➲ 225°-Winkel
9. ➲ 168°-Winkel	13. ➲ 244°-Winkel
10. ➲ 180°-Winkel	14. ➲ 256°-Winkel

Winkel zeichnen • 3

15. ➲ 270°-Winkel	18. ➲ 331°-Winkel
16. ➲ 300°-Winkel	19. ➲ 347°-Winkel
17. ➲ 315°-Winkel	20. ➲ 360°-Winkel

Größe der Winkel berechnen

Sehr große, kreisrunde Torten sollen in gleichgroße Tortenstücke geschnitten werden. Wenn eine Torte in zwei gleich große Tortenstücke aufgeteilt wird, ist der Winkel an der Spitze jedes Tortenstückes 180° groß.

Begründung: 360° : 2 = 180°

Wie groß ist jeweils der Winkel an der Spitze der Tortenstücke, wenn die Torten in den angegebenen Weisen geschnitten werden?

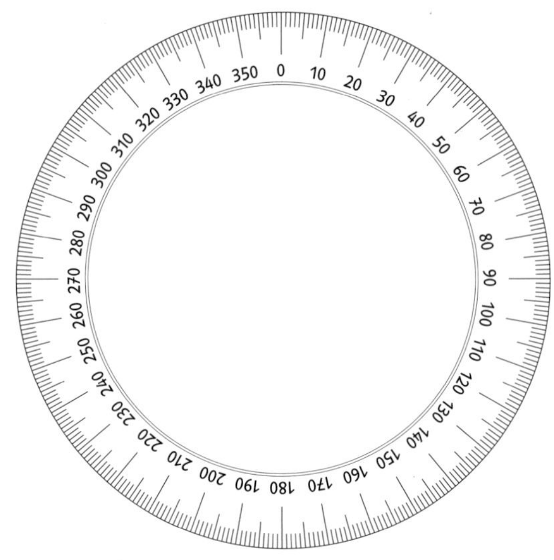

	Zahl der Tortenstücke:	Größe der Winkel:
1.	3	➲ ....
2.	4	➲ ....
3.	5	➲ ....
4.	6	➲ ....
5.	8	➲ ....
6.	9	➲ ....
7.	10	➲ ....
8.	12	➲ ....
9.	15	➲ ....
10.	18	➲ ....
11.	20	➲ ....
12.	24	➲ ....
13.	30	➲ ....
14.	36	➲ ....
15.	40	➲ ....
16.	45	➲ ....
17.	60	➲ ....
18.	72	➲ ....
19.	90	➲ ....
20.	120	➲ ....

Quadrate • 1

Umfang (U):

$U = a + a + a + a$

$U = 4 \cdot a$

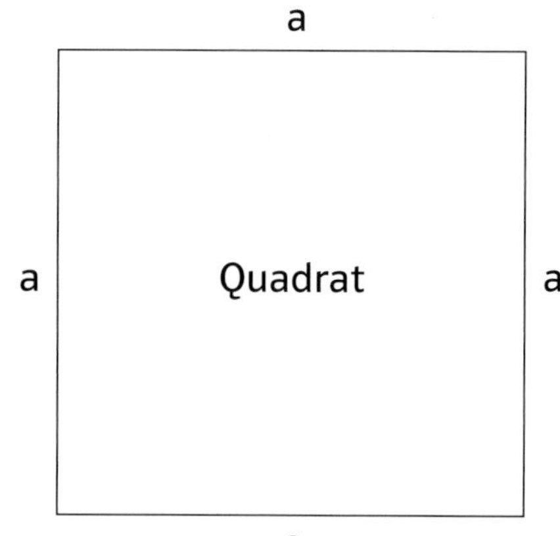

Beispiel:

$U = 4 \cdot 5$ cm

$U = 20$ cm

Umstellung der Formel:

$4 \cdot a = U \quad | : 4$

$a = \frac{U}{4}$

Beispiel:

$a = \frac{20 \text{ cm}}{4}$

$a = 5$ cm

Berechne, wonach bei den Quadraten gefragt wird!

	Gegeben:	Gesucht:
1.	a = 5 cm	U = ➲ ....
2.	a = 9 cm	U = ➲ ....
3.	a = 12 cm	U = ➲ ....
4.	a = 15 cm	U = ➲ ....
5.	a = 19 cm	U = ➲ ....
6.	U = 24 dm	a = ➲ ....
7.	U = 32 dm	a = ➲ ....
8.	U = 52 dm	a = ➲ ....
9.	U = 64 dm	a = ➲ ....
10.	U = 88 dm	a = ➲ ....

Quadrate • 2

Flächeninhalt (A):

$A = a \cdot a$

$A = a^2$

Beispiel:

$A = 5\ cm \cdot 5\ cm$

$A = 25\ cm^2$

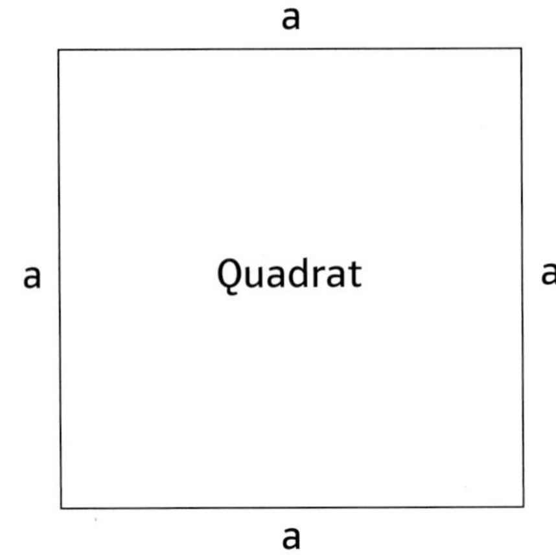

Umstellung der Formel:

$a^2 = A \quad | \sqrt{\ }$

$a = \sqrt{A}$

Beispiel:

$a = \sqrt{25\ cm^2}$

$a = 5\ cm$

Berechne, wonach bei den Quadraten gefragt wird!

	Gegeben:	Gesucht:
11.	a = 7 m	A = ➲ ....
12.	a = 11 m	A = ➲ ....
13.	a = 14 m	A = ➲ ....
14.	a = 17 m	A = ➲ ....
15.	a = 24 m	A = ➲ ....
16.	$A = 9\ km^2$	a = ➲ ....
17.	$A = 100\ km^2$	a = ➲ ....
18.	$A = 225\ km^2$	a = ➲ ....
19.	$A = 324\ m^2$	a = ➲ ....
20.	$A = 529\ km^2$	a = ➲ ....

Rechtecke • 1

Umfang (U):

$U = a + a + b + b$

$U = 2 \cdot a + 2 \cdot b$

Beispiel:

$U = 2 \cdot 7\ cm + 2 \cdot 4\ cm$

$U = 14\ cm + 8\ cm$

$U = 22\ cm$

a

b Rechteck b

a

Umstellung der Formel:

$2 \cdot a + 2 \cdot b = U \quad | - (2 \cdot b)$

$2 \cdot 4 = U - 2 \cdot b \quad | : 2$

$a = \frac{U - 2 \cdot b}{2}$

Beispiel:

$a = \frac{22\ cm - 2 \cdot 4\ cm}{2}$

$a = \frac{22\ cm - 8\ cm}{2}$

$a = \frac{14\ cm}{2}$

$a = 7\ cm$

oder:

$2 \cdot b + 2 \cdot a = U \quad | - (2 \cdot a)$

$2 \cdot b = U - 2 \cdot a \quad | : 2$

$b = \frac{U - 2 \cdot a}{2}$

Beispiel:

$b = \frac{22\ cm - 2 \cdot 7\ cm}{2}$

$b = \frac{22\ cm - 14\ cm}{2}$

$b = \frac{8\ cm}{2}$

$b = 4\ cm$

Berechne, wonach bei den Rechtecken gefragt wird!

	Gegeben:	Gesucht:
1.	a = 6 cm, b = 5 cm	U = ➲ ....
2.	a = 10 cm, b = 8 cm	U = ➲ ....
3.	a = 13 cm, b = 11 cm	U = ➲ ....
4.	a = 17 cm, b = 14 cm	U = ➲ ....
5.	a = 18 cm, b = 23 cm	U = ➲ ....
6.	a = 5 dm, U = 16 dm	b = ➲ ....
7.	a = 9 dm, U = 30 dm	b = ➲ ....
8.	a = 14 cm, U = 52 dm	b = ➲ ....
9.	b = 19 dm, U = 68 dm	a = ➲ ....
10.	b = 25 dm, U = 92 dm	a = ➲ ....

Rechtecke • 2

Flächeninhalt (A):
$A = a \cdot b$

Beispiel:
A = 7 cm · 4 cm
A = 28 cm²

a

b | Rechteck | b

a

Umstellung der Formel:

$a \cdot b = A \quad | : b$

$a = \frac{A}{b}$

Beispiel:

$a = \frac{28\ cm^2}{4\ cm}$

$a = 7\ cm$

oder:

$b \cdot a = A \quad | : a$

$b = \frac{A}{a}$

Beispiel:

$b = \frac{28\ cm^2}{7\ cm}$

$b = 4\ cm$

Berechne, wonach bei den Rechtecken gefragt wird!

	Gegeben:	Gesucht:
11.	a = 9 m, b = 7 m	A = ➲ ....
12.	a = 14 m, b = 9 m	A = ➲ ....
13.	a = 19 m, b = 13 m	A = ➲ ....
14.	a = 23 m, b = 17 m	A = ➲ ....
15.	a = 24 m, b = 22 m	A = ➲ ....
16.	a = 13 km, A = 143 km²	b = ➲ ....
17.	a = 15 km, A = 180 km²	b = ➲ ....
18.	a = 18 km, A = 252 km²	b = ➲ ....
19.	b = 21 km, A = 357 km²	a = ➲ ....
20.	b = 25 km, A = 550 km²	a = ➲ ....

Rauten, Drachen(vierecke), Parallelogramme, Trapeze • 1

Raute:

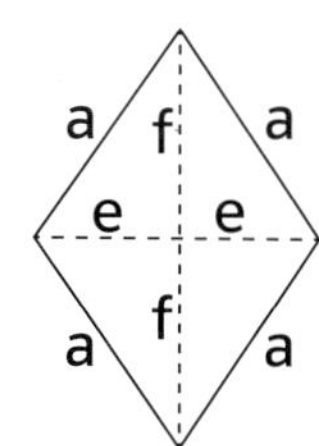

Formeln:

$U = a + a + a + a$

$U = 4 \cdot a$

$A = \frac{e \cdot f}{2}$

Drachen(viereck):

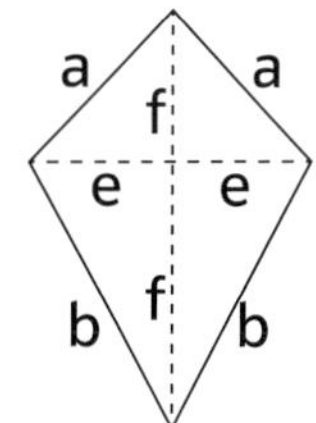

Formeln:

$U = a + a + b + b$

$U = 2 \cdot a + 2 \cdot b$

$A = \frac{e \cdot f}{2}$

Parallelogramm:

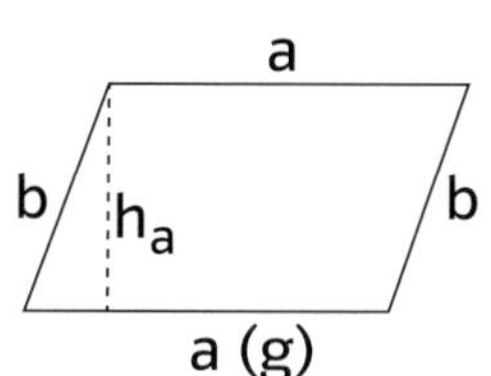

Formeln:

$U = a + a + b + b$

$U = 2 \cdot a + 2 \cdot b$

$A = g \cdot h_a$

Trapez:

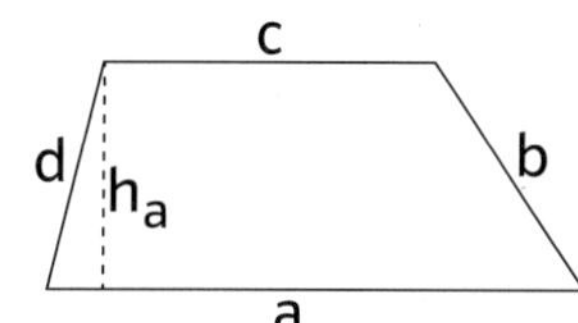

Formeln:

$U = a + b + c + d$

$A = \frac{a + c}{2} \cdot h_a$

Rechne aus, was gesucht wird!

	Figur:	Gegeben:	Gesucht:
1.	Raute:	a = 7 cm	U = ➲ ....
2.	Raute:	a = 12 cm	U = ➲ ....
3.	Raute:	e = 3 cm, f = 6 cm	A = ➲ ....
4.	Raute:	e = 4 cm, f = 9 cm	A = ➲ ....
5.	Drachen(viereck):	a = 5 cm, b = 8 cm	U = ➲ ....
6.	Drachen(viereck):	a = 9 cm, b = 14 cm	U = ➲ ....
7.	Drachen(viereck):	e = 6 cm, f = 17 cm	A = ➲ ....
8.	Drachen(viereck):	e = 8 cm, f = 19 cm	A = ➲ ....

Rauten, Drachen(vierecke), Parallelogramme, Trapeze • 2

	Figur:	Gegeben:	Gesucht:
9.	Parallelogramm:	$a = 11$ cm, $b = 7$ cm	$U =$ ➲ ....
10.	Parallelogramm:	$a = 14$ cm, $b = 11$ cm	$U =$ ➲ ....
11.	Parallelogramm:	$a = 12$ cm, $g\ (h_a) = 5$ cm	$A =$ ➲ ....
12.	Parallelogramm:	$a = 15$ cm, $g\ (h_a) = 8$ cm	$A =$ ➲ ....
13.	Trapez:	$a = 9$ cm, $b = 5$ cm $c = 6$ cm, $d = 4$ cm	$U =$ ➲ ....
14.	Trapez:	$a = 17$ cm, $b = 8$ cm $c = 10$ cm, $d = 6$ cm	$U =$ ➲ ....
15.	Trapez:	$a = 6$ cm, $c = 4$ cm $h_a = 3$ cm	$A =$ ➲ ....
16.	Trapez:	$a = 14$ cm, $c = 12$ cm $h_a = 5$ cm	$A =$ ➲ ....

Um die folgenden Aufgaben zu lösen, müssen die jeweiligen Formeln (siehe vorherige Seite) umgestellt werden!

17.	Raute:	$U = 48$ cm	$a =$ ➲ ....
18.	Drachen(viereck):	$U = 56$ cm, $a = 11$ cm	$b =$ ➲ ....
19.	Parallelogramm:	$A = 84\ cm^2$, $a = 12$ cm	$h_a =$ ➲ ....
20.	Trapez:	$A = 190\ cm^2$, $a = 12$ cm $c = 8$ cm	$h_a =$ ➲ ....

Dreiecke (Winkel, Umfang, Flächeninhalt) • 1

Kein rechtwinkliges Dreieck:

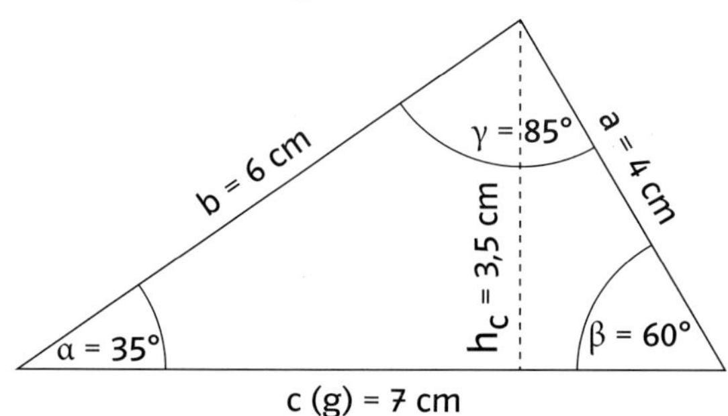

Formeln:
U = a + b + c
U = 4 cm + 6 cm + 7 cm
U = 17 cm

$A = \frac{g \cdot h}{2}$

$A = \frac{7\ cm \cdot 3{,}5\ cm}{2}$

$A = \frac{24{,}5\ cm^2}{2}$

$A = 12{,}25\ cm^2$

Rechtwinkliges Dreieck:

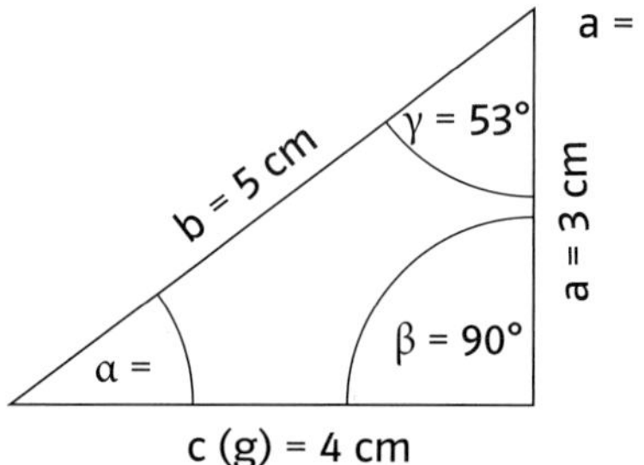

Formeln:
U = a + b + c
U = 3 cm + 5 cm + 4 cm
U = 12 cm

$A = \frac{g \cdot h}{2}$

$A = \frac{4\ cm \cdot 3\ cm}{2}$

$A = \frac{12\ cm^2}{2}$

$A = 6\ cm^2$

Nach der Seitenlänge werden unterschieden:
- *gleichseitige Dreiecke*
- *gleichschenklige Dreiecke*
- *ungleichseitige Dreiecke*

Nach den Winkeln werden unterschieden:
- *spitzwinklige Dreiecke*
- *rechtwinklige Dreiecke*
- *stumpfwinklige Dreiecke*

Merke dir:
Die Summe der 3 Innenwinkel in jedem Dreieck beträgt 180°

Miss die 3 Winkel des folgenden Dreiecks und berechne danach den Umfang sowie den Flächeninhalt der Figur!

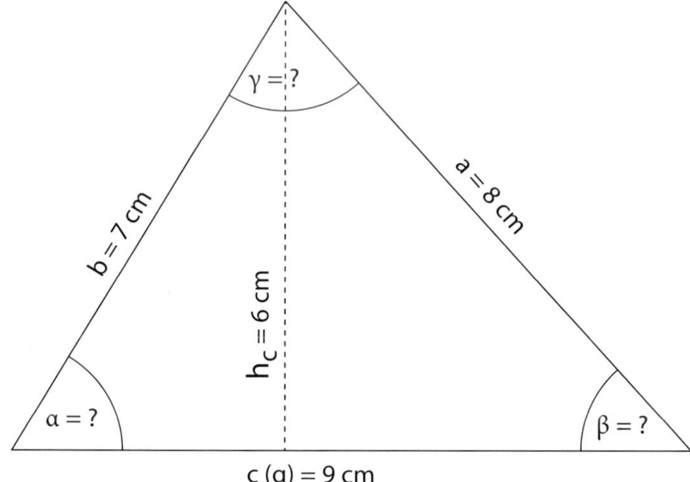

1. ➲ α = ...

2. ➲ β = ...

3. ➲ γ = ...

4. ➲ U = ...

5. ➲ A = ...

Dreiecke (Winkel, Umfang, Flächeninhalt) • 2

Miss die 3 Winkel des folgenden Dreiecks und berechne danach dem Umfang sowie den Flächeninhalt der Figur!

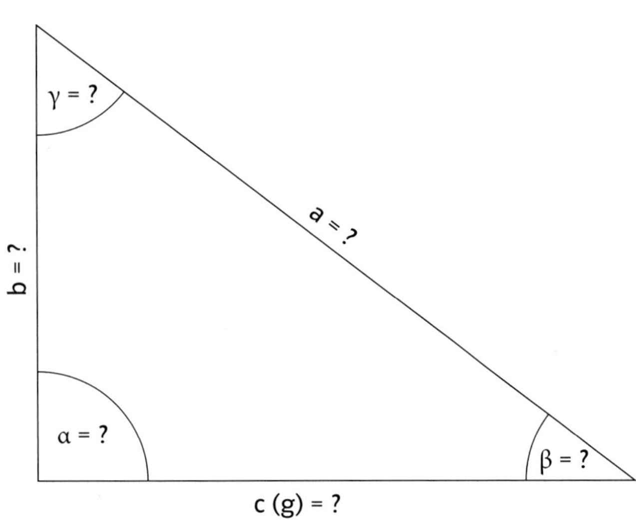

6. ➲ α = ...

7. ➲ β = ...

8. ➲ γ = ...

9. ➲ U = ...

10. ➲ A = ...

Zeichne ein Dreieck! Die Seite b dieses Dreiecks soll 8 cm, die Seite c 10 cm lang sein. Die Größe des Winkels α soll 60° betragen. Wie lang ist die Seite a? Wie groß sind die Winkel β und γ? Berechne schließlich den Umfang und den Flächeninhalt des Dreiecks!

11. ➲ α = ...

12. ➲ β = ...

13. ➲ γ = ...

14. ➲ U = ...

15. ➲ A = ...

Dreiecke (Winkel, Umfang, Flächeninhalt) • 3

Zeichne ein Dreieck, dessen Seiten a, b und c jeweils dieselbe Länge (12 cm) haben sollen. Wie groß sind die Winkel α, β und γ? Welchen Umfang und welchen Flächeninhalt hat dieses Dreieck?

16. ➲ α = ...

17. ➲ β = ...

18. ➲ γ = ...

19. ➲ U = ...

20. ➲ A = ...

Rechtwinklige Dreiecke

(Satz des Pythagoras) • 1

Der Satz des Pythagoras:

In jedem rechtwinkligen Dreieck sind die Flächen der beiden Katheten-Quadrate genauso groß wie das Hypotenuse-Quadrat.

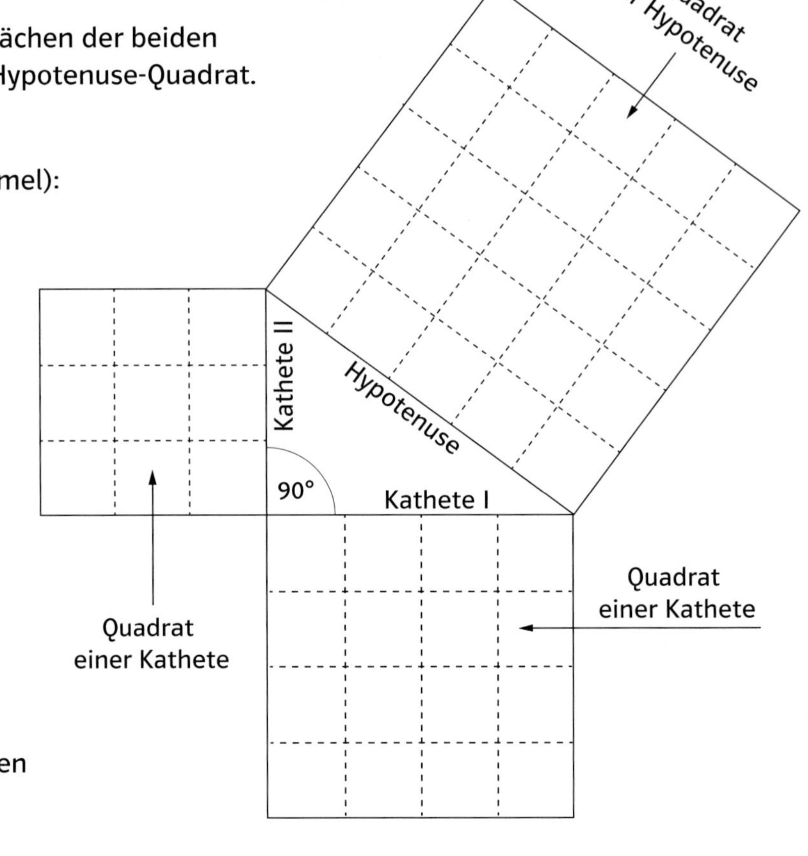

Der Satz des Pythagoras als Gleichung (Formel):

$(\text{Kathete I})^2 + (\text{Kathete II})^2 = (\text{Hypotenuse})^2$

Ein Beispiel in Zahlen:

$(4\ cm)^2 + (3\ cm)^2 = (5\ cm)^2$

$16\ cm^2 + 9\ cm^2 = 25\ cm^2$

$25\ cm^2 = 25\ cm^2$

Hinweis:

Die Hypotenuse ist die längste Seite im rechtwinkligen Dreieck, sie liegt dem 90°-Winkel gegenüber.
Die beiden anderen Seiten im rechtwinkligen Dreieck heißen Katheten.

Wenn man weiß, wie lang die beiden Katheten in einem rechtwinkligen Dreieck sind, lässt sich mit Hilfe des Satzes des Pythagoras die Länge der Hypotenuse berechnen.

Beispiel:

Gegeben: *Kathete I = 6 cm, Kathete II = 8 cm*

Gesucht: *Hypotenuse = ?*

Formel: $h^2 = k_I^2 + k_{II}^2$

$h^2 = (6\ cm)^2 + (8\ cm)^2$

$h^2 = 36\ cm^2 + 64\ cm^2$

$h^2 = 100\ cm^2 \quad | \sqrt{}$

$h = 10\ cm$

In den nachfolgenden 10 rechtwinkligen Dreiecken sind jeweils die beiden Katheten gegeben. Berechne die Länge der Hypotenuse!

Du kannst einen Taschenrechner benutzen, um damit u. a. die Quadratwurzeln zu berechnen.

Rechtwinklige Dreiecke

(Satz des Pythagoras) • 2

1. Gegeben:
   Kathete I = 5 cm, Kathete II = 12 cm

   Gesucht: ➲ Hypotenuse = ...

2. Gegeben:
   Kathete I = 8 cm, Kathete II = 15 cm

   Gesucht: ➲ Hypotenuse = ...

3. Gegeben:
   Kathete I = 12 cm, Kathete II = 16 cm

   Gesucht: ➲ Hypotenuse = ...

4. Gegeben:
   Kathete I = 7 cm, Kathete II = 24 cm

   Gesucht: ➲ Hypotenuse = ...

5. Gegeben:
   Kathete I = 10 cm, Kathete II = 24 cm

   Gesucht: ➲ Hypotenuse = ...

6. Gegeben:
   Kathete I = 20 cm, Kathete II = 21 cm

   Gesucht: ➲ Hypotenuse = ...

7. Gegeben:
   Kathete I = 16 cm, Kathete II = 30 cm

   Gesucht: ➲ Hypotenuse = ...

8. Gegeben:
   Kathete I = 12 cm, Kathete II = 35 cm

   Gesucht: ➲ Hypotenuse = ...

9. Gegeben:
   Kathete I = 24 cm, Kathete II = 32 cm

   Gesucht: ➲ Hypotenuse = ...

10. Gegeben:
    Kathete I = 9 cm, Kathete II = 40 cm

    Gesucht: ➲ Hypotenuse = ...

Rechtwinklige Dreiecke

(Satz des Pythagoras) • 3

Sind in einem rechtwinkligen Dreieck bekannt, wie lang eine Kathete und wie lang die Hypotenuse sind, ist es möglich, die Länge der anderen Kathete auszurechnen.

Beispiel:

Gegeben: *Kathete I = 6 cm, Hypotenuse = 10 cm*

Gesucht: *Kathete II = ?*

Formel:
$k_{II}^2 = h^2 - k_I^2$
$k_{II}^2 = (10\ cm)^2 - (6\ cm)^2$
$k_{II}^2 = 100\ cm^2 - 36\ cm^2$
$k_{II}^2 = 64\ cm^2 \qquad | \sqrt{\ }$
$k_{II} = 8\ cm$

In den 10 anschließend aufgeführten rechtwinkligen Dreiecken sind jeweils die Länge einer Kathete sowie die Länge der Hypotenuse angegeben. Berechne immer die Länge der weiteren Kathete!

Du kannst einen Taschenrechner benutzen, um damit u. a. die Quadratwurzeln zu berechnen.

11. Gegeben:
Kathete I = 27 cm, Hypotenuse = 45 cm
Gesucht: ➲ Kathete II = ...

12. Gegeben:
Kathete I = 48 cm, Hypotenuse = 50 cm
Gesucht: ➲ Kathete II = ...

13. Gegeben:
Kathete I = 20 cm, Hypotenuse = 52 cm
Gesucht: ➲ Kathete II = ...

14. Gegeben:
Kathete I = 28 cm, Hypotenuse = 53 cm
Gesucht: ➲ Kathete II = ...

Rechtwinklige Dreiecke

(Satz des Pythagoras) • 4

15. Gegeben:
Kathete I = 40 cm, Hypotenuse = 58 cm
Gesucht: ➲ Kathete II = ...

16. Gegeben:
Kathete I = 60 cm, Hypotenuse = 61 cm
Gesucht: ➲ Kathete II = ...

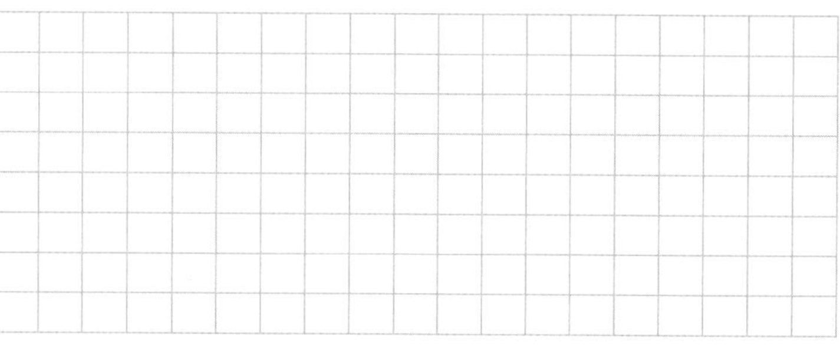

17. Gegeben:
Kathete I = 33 cm, Hypotenuse = 65 cm
Gesucht: ➲ Kathete II = ...

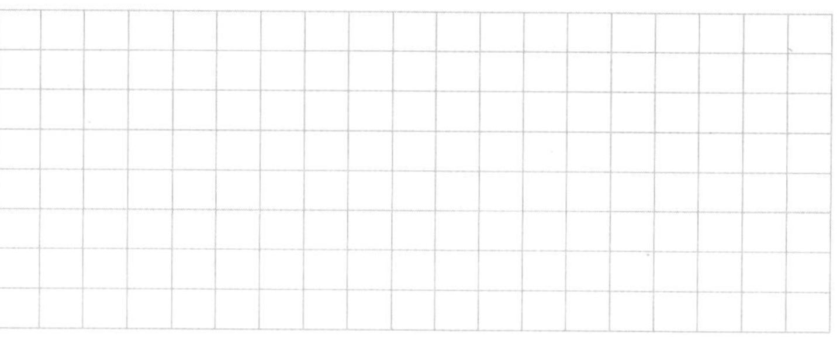

18. Gegeben:
Kathete I = 32 cm, Hypotenuse = 68 cm
Gesucht: ➲ Kathete II = ...

19. Gegeben:
Kathete I = 48 cm, Hypotenuse = 73 cm
Gesucht: ➲ Kathete II = ...

20. Gegeben:
Kathete I = 18 cm, Hypotenuse = 82 cm
Gesucht: ➲ Kathete II = ...

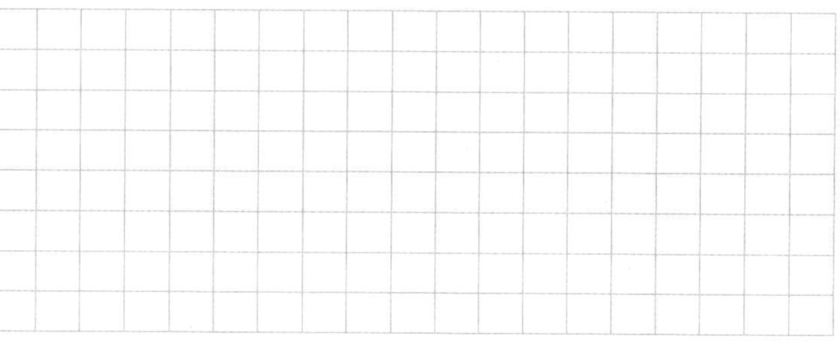

Kreise, Halbkreise, Viertelkreise • 1

Kreis: $d = 2 \cdot r$

Umfang (U):

$U = 2 \cdot r \cdot \pi$ oder:

$U = d \cdot \pi$

Beispiel:

$U \approx 2 \cdot 4\ cm \cdot 3{,}14$

$U \approx 8\ cm \cdot 3{,}14$

$U \approx 25{,}12\ cm$

Umstellung der Formel:

$2 \cdot r \cdot \pi = U$ | : Pi

$2 \cdot r = \frac{U}{\pi}$ | : 2

$r = \frac{U}{2\pi}$

Beispiel:

$r \approx \frac{25{,}12\ cm}{2 \cdot 3{,}14}$

$r \approx \frac{25{,}12\ cm}{6{,}28}$

$r \approx 4\ cm$

Durchmesser (d)

Radius (r)

Mittelpunkt des Kreises

Kreiszahl $\pi \approx 3{,}14...$

Flächeninhalt (A):

$A = r \cdot r \cdot \pi$

$A = r^2 \cdot \pi$

oder:

$A = \frac{d}{2} \cdot \frac{d}{2} \cdot \pi$

$A = \frac{d^2}{4} \cdot \pi$

Beispiel:

$A \approx 4\ cm \cdot 4\ cm \cdot 3{,}14$

$A \approx 16\ cm^2 \times 3{,}14$

$A \approx 50{,}24\ cm^2$

Umstellung der Formel:

$r^2 \cdot \pi = A$ | : π

$r^2 = \frac{A}{\pi}$ | $\sqrt{\ }$

$r = \sqrt{\frac{A}{\pi}}$

Beispiel:

$r \approx \sqrt{\frac{50{,}24\ cm^2}{3{,}14}}$

$r \approx \sqrt{16\ cm^2})$

$r \approx 4\ cm$

Rechne aus, was gesucht wird! Setze für π die Zahl 3,14 ein!

	Figur:	Gegeben:	Gesucht:
1.	Kreis	r = 2 cm	U ≈ ➲ ....
2.	Kreis	r = 6 cm	U ≈ ➲ ....
3.	Kreis	d = 10 cm	U ≈ ➲ ....
4.	Kreis	d = 16 cm	U ≈ ➲ ....
5.	Kreis	r = 2 cm	A ≈ ➲ ....
6.	Kreis	r = 6 cm	A ≈ ➲ ....
7.	Kreis	d = 10 cm	A ≈ ➲ ....
8.	Kreis	d = 16 cm	A ≈ ➲ ....
9.	Kreis	U = 43,96 cm	r ≈ ➲ ....
10.	Kreis	A = $254{,}34\ cm^2$	r ≈ ➲ ....

Kreise, Halbkreise, Viertelkreise • 2

Halbkreis:

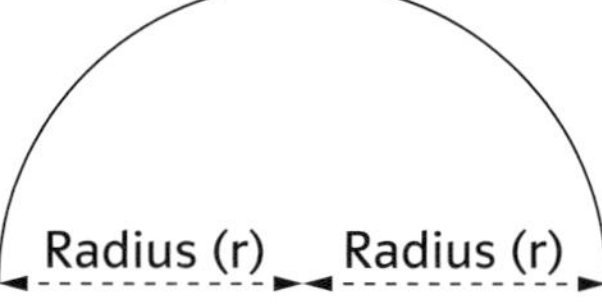

Umfang (U):

$U = \frac{\cancel{2} \cdot r \cdot \pi}{\cancel{2}} + 2 \cdot r$

$U = r \cdot \pi + 2 \cdot r$

Beispiel:

$U \approx 3\text{ cm} \cdot 3{,}14 + 2 \cdot 3\text{ cm}$

$U \approx 9{,}42\text{ cm} + 6\text{ cm}$

$U \approx 15{,}42\text{ cm}$

Flächeninhalt (A):

$A = \frac{r^2 \cdot \pi}{2}$

Beispiel:

$A \approx \frac{3\text{ cm} \cdot 3\text{ cm} \cdot 3{,}14}{2}$

$A \approx \frac{9\text{ cm}^2 \cdot 3{,}14}{2}$

$A \approx \frac{28{,}26\text{ cm}^2}{2}$

$A \approx 14{,}13\text{ cm}^2$

Viertelkreis:

Umfang (U):

$U = \frac{{}^{1}\cancel{2} \cdot r \cdot \pi}{{}_{2}\cancel{4}} + 2 \cdot r$

$U = \frac{r \cdot \pi}{2} + 2 \cdot r$

Beispiel:

$U \approx \frac{3\text{ cm} \cdot 3{,}14}{2} + 2 \cdot 3\text{ cm}$

$U \approx \frac{9{,}42\text{ cm}}{2} + 6\text{ cm}$

$U \approx 4{,}71\text{ cm} + 6\text{ cm}$

$U \approx 10{,}71\text{ cm}$

Flächeninhalt (A):

$A = \frac{r^2 \cdot \pi}{4}$

Beispiel:

$A \approx \frac{3\text{ cm} \cdot 3\text{ cm} \cdot 3{,}14}{4}$

$A \approx \frac{9\text{ cm}^2 \cdot 3{,}14}{4}$

$A \approx \frac{28{,}26\text{ cm}^2}{4}$

$A \approx 7{,}065\text{ cm}^2$

Rechne aus, was gesucht wird! Setze für π die Zahl 3,14 ein!

	Figur:	Gegeben:	Gesucht:
11.	Halbkreis	r = 5 cm	U ≈ ➲ ....
12.	Halbkreis	r = 8 cm	U ≈ ➲ ....
13.	Halbkreis	d = 18 cm	U ≈ ➲ ....
14.	Halbkreis	r = 12 cm	A ≈ ➲ ....
15.	Halbkreis	r = 28 cm	A ≈ ➲ ....
16.	Viertelkreis	r = 20 cm	U ≈ ➲ ....
17.	Viertelkreis	r = 32 cm	U ≈ ➲ ....
18.	Viertelkreis	d = 72 cm	U ≈ ➲ ....
19.	Viertelkreis	r = 44 cm	A ≈ ➲ ....
20.	Viertelkreis	d = 96 cm	A ≈ ➲ ....

Planimetrie (Formeln)

In der Mathematik sind Formeln allgemeingültige Rechensätze (Gleichungen, die Buchstaben enthalten), mit denen gerechnet wird. Die Buchstaben lassen sich durch Zahlen ersetzen.

20 Formeln:

$U = 2 \cdot a + 2 \cdot b$

$U = a + b + c$

$U = 2 \cdot r \cdot \pi$

$U = 4 \cdot a$

$U = 4 \cdot a$

$U = 2 \cdot a + 2 \cdot b$

$U = \frac{r \cdot \pi}{2} + 2 \cdot r$

$U = a + b + c + d$

$U = 2 \cdot a + 2 \cdot b$

$U = r \cdot \pi + 2 \cdot r$

$A = g \cdot h_a$

$A = a \cdot b$

$A = \frac{a + c}{2} \cdot h_a$

$A = \frac{r^2 \cdot \pi}{2}$

$A = r^2 \cdot \pi$

$A = \frac{e \cdot f}{2}$

$A = a^2$

$A = \frac{g \cdot h}{2}$

$A = \frac{r^2 \cdot \pi}{4}$

$A = \frac{e \cdot f}{2}$

Ordne richtig zu! Welche Formel gehört zu welcher Figur?

Figur	**Umfang (Formel)**	**Flächeninhalt (Formel)**
Quadrat	➲	➲
Rechteck	➲	➲
Raute	➲	➲
Drachen(viereck)	➲	➲
Parallelogramm	➲	➲
Trapez	➲	➲
Dreieck	➲	➲
Kreis	➲	➲
Halbkreis	➲	➲
Viertelkreis	➲	➲

Geometrische Körper

(Flächen, Kanten, Ecken)

Unter einer Fläche wird die jeweilige Ausdehnung in Fläche und Breite verstanden.

Es gibt Grundflächen, Deckflächen, Seitenflächen …

Eine Kante ist die Schnittlinie zweier aneinanderstoßender Flächen. In der Raumlehre (= Stereometrie) ist eine Ecke der gemeinsame Schnittpunkt (Randpunkt) von mindestens drei Kanten.

Fülle die folgende Übersicht vollständig aus!

Name des Körpers	Zahl der Flächen	Zahl der Kanten	Zahl der Ecken
Würfel (= Kubus)	➲ 6	➲	➲
Quader (= Rechtecksäule)	➲	➲	➲
Quadratische Pyramide	➲	➲	➲
Dreiecksäule	➲	➲	➲
Zylinder (= Rundsäule)	➲	➲	➲
Kegel	➲	➲	➲
Kugel	➲	➲	➲

Würfel

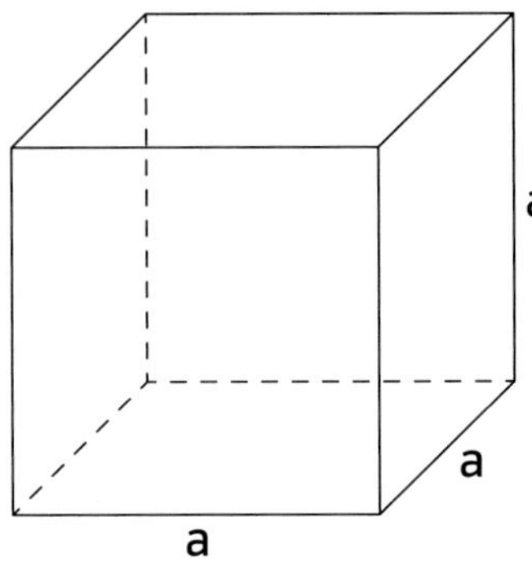

Volumen = Rauminhalt

a = Kantenlänge
(Seitenlänge)

Volumen (V):

$V = a \cdot a \cdot a$

$V = a^3$

Beispiel:

$V = 3\ cm \cdot 3\ cm \cdot 3\ cm$

$V = 27\ cm^3$

Umstellung der Formel:

$a^3 = V \quad | \sqrt[3]{\ }$

$a = \sqrt[3]{V}$

Beispiel:

$a^3 = 27\ cm^3 \quad | \sqrt[3]{\ }$

$a = 3\ cm$

Oberfläche (O):

$O = 6 \cdot a \cdot a$

$O = 6 \cdot a^2$

Beispiel:

$O = 6 \cdot 3\ cm \cdot 3\ cm$

$O = 54\ cm^2$

Umstellung der Formel:

$6 \cdot a^2 = O \quad | : 6$

$a^2 = \frac{O}{6} \quad | \sqrt{\ }$

$a = \sqrt{\frac{O}{6}}$

Beispiel:

$a = \sqrt{\frac{54\ cm^2}{6}}$

$a = \sqrt{9\ cm^2}$

$a = 3\ cm$

Rechne aus!

	Gegeben:	Gesucht:
1.	a = 2 cm	➲ V = ...
2.	a = 9 cm	➲ V = ...
3.	a = 13 cm	➲ V = ...
4.	a = 18 cm	➲ V = ...
5.	a = 25 cm	➲ V = ...
6.	$V = 64\ cm^3$	➲ a = ...
7.	$V = 125\ cm^3$	➲ a = ...
8.	$V = 343\ cm^3$	➲ a = ...
9.	$V = 512\ cm^3$	➲ a = ...
10.	$V = 1000\ cm^3$	➲ a = ...
11.	a = 4 cm	➲ O = ...
12.	a = 6 cm	➲ O = ...
13.	a = 11 cm	➲ O = ...
14.	a = 17 cm	➲ O = ...
15.	a = 23 cm	➲ O = ...
16.	$O = 1014\ cm^2$	➲ a = ...
17.	$O = 1350\ cm^2$	➲ a = ...
18.	$O = 2166\ cm^2$	➲ a = ...
19.	$O = 2646\ cm^2$	➲ a = ...
20.	$O = 3456\ cm^2$	➲ a = ...

Quader

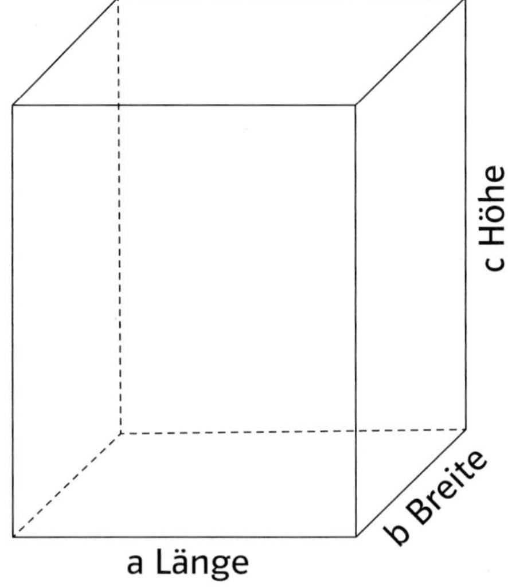

<u>Volumen (V):</u>

$V = a \cdot b \cdot c$

Beispiel:

$V = 4\ cm \cdot 2\ cm \cdot 5\ cm$

$V = 40\ cm^3$

Umstellung der Formel:

$a = \frac{V}{b \cdot c}$

$b = \frac{V}{a \cdot c}$

$c = \frac{V}{a \cdot b}$

<u>Oberfläche (O):</u>

$O = 2 \cdot a \cdot b + 2 \cdot a \cdot c + 2 \cdot b \cdot c$

Beispiel:

$O = 2 \cdot 4\ cm \cdot 2\ cm + 2 \cdot 4\ cm \cdot 5\ cm + 2 \cdot 2\ cm \cdot 5\ cm$

$O = 16\ cm^2 + 40\ cm^2 + 20\ cm^2$

$O = 76\ cm^2$

Aufgaben:

	Gegeben:			Gesucht:
1.	a = 5 cm	b = 4 cm	c = 3 cm	➲ V = ...
2.	a = 8 cm	b = 6 cm	c = 4 cm	➲ V = ...
3.	a = 9 cm	b = 7 cm	c = 5 cm	➲ V = ...
4.	a = 12 cm	b = 8 cm	c = 7 cm	➲ V = ...
5.	V = 24 cm^3	b = 3 cm	c = 2 cm	➲ a = ...
6.	V = 90 cm^3	b = 5 cm	c = 3 cm	➲ a = ...
7.	V = 300 cm^3	b = 6 cm	c = 5 cm	➲ a = ...
8.	V = 693 dm^3	b = 7 dm	c = 9 dm	➲ a = ...
9.	V = 1 008 dm^3	a = 14 dm	c = 6 dm	➲ b = ...
10.	V = 1 560 dm^3	a = 8 dm	c = 13 dm	➲ b = ...
11.	V = 1 836 dm^3	a = 12 dm	c = 9 dm	➲ b = ...
12.	V = 2 717 dm^3	a = 11 dm	c = 13 dm	➲ b = ...
13.	V = 3 024 m^3	a = 16 m	b = 9 m	➲ c = ...
14.	V = 4 675 m^3	a = 11 m	b = 17 m	➲ c = ...
15.	V = 6 916 m^3	a = 14 m	b = 19 m	➲ c = ...
16.	V = 9 135 m^3	a = 15 m	b = 21 m	➲ c = ...
17.	a = 4 m	b = 3 m	c = 2 m	➲ O = ...
18.	a = 6 dm	b = 7 dm	c = 3 dm	➲ O = ...
19.	a = 5 cm	b = 9 cm	c = 4 cm	➲ O = ...
20.	a = 7 mm	b = 6 mm	c = 8 mm	➲ O = ...

Quadratische Pyramiden

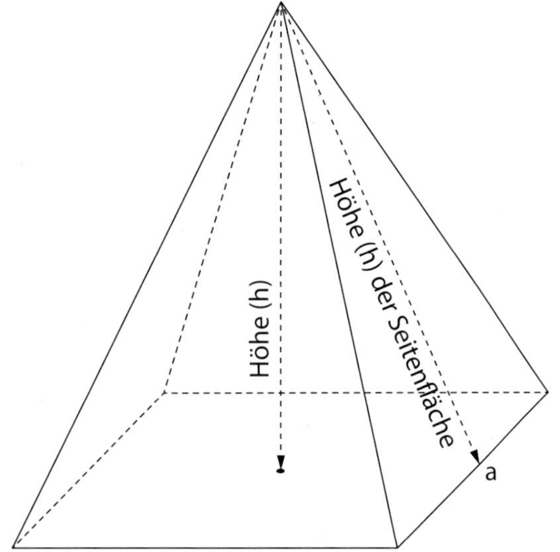

Volumen (V):

$V = \frac{a \cdot a \cdot h}{3}$

$V = \frac{a^2 \cdot h}{3}$

Beispiel:

$V = \frac{5\ cm \cdot 5\ cm \cdot 6\ cm}{3}$

$V = 50\ cm^3$

Umstellung der Formel:

$h = \frac{3 \cdot V}{a^2}$

$a = \sqrt{\frac{3 \cdot V}{h}}$

Oberfläche (O):

$O = a \cdot a + 4 \cdot \frac{a \cdot h_s}{2}$

$O = a^2 + 2 \cdot a \cdot h_s$

Beispiel:

$O = 5\ cm \cdot 5\ cm + 2 \cdot 5\ cm \cdot 6{,}5\ cm$

$O = 25\ cm^2 + 65\ cm^2$

$O = 90\ cm^2$

Aufgaben:

	Gegeben:		Gesucht:
1.	a = 2 cm	h = 6 cm	➲ V = ...
2.	a = 5 cm	h = 9 cm	➲ V = ...
3.	a = 7 cm	h = 12 cm	➲ V = ...
4.	a = 8 cm	h = 15 cm	➲ V = ...
5.	a = 9 cm	h = 18 cm	➲ V = ...
6.	V = 21 cm^3	a = 3 cm	➲ h = ...
7.	V = 32 cm^3	a = 4 cm	➲ h = ...
8.	V = 96 dm^3	a = 6 dm	➲ h = ...
9.	V = 270 dm^3	a = 9 dm	➲ h = ...
10.	V = 672 dm^3	a = 12 dm	➲ h = ...
11.	V = 676 dm^3	h = 12 dm	➲ a = ...
12.	V = 1050 m^3	h = 14 m	➲ a = ...
13.	V = 1620 m^3	h = 15 m	➲ a = ...
14.	V = 2499 m^3	h = 17 m	➲ a = ...
15.	V = 2904 m^3	h = 18 m	➲ a = ...
16.	a = 6 cm	h_s = 5 cm	➲ O = ...
17.	a = 10 cm	h_s = 13 cm	➲ O = ...
18.	a = 16 dm	h_s = 10 dm	➲ O = ...
19.	a = 24 dm	h_s = 20 dm	➲ O = ...
20.	a = 30 m	h_s = 17 m	➲ O = ...

Krummflächige Körper

(Zylinder, Kegel, Kugeln) • 1

Zylinder

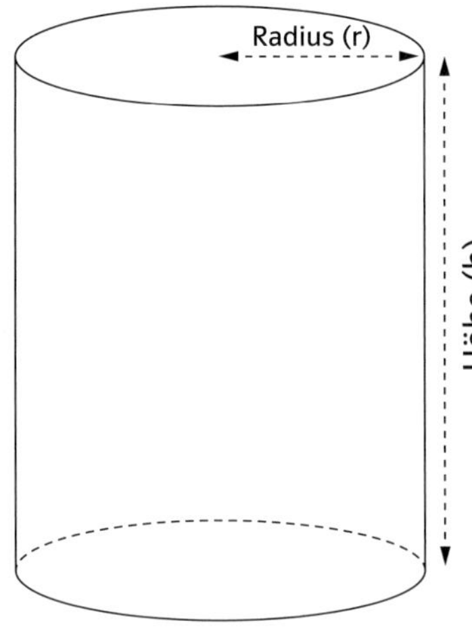

Volumen (V):

$V = r \cdot r \cdot \pi \cdot h$

$V = r^2 \cdot \pi \cdot h$

Umstellungen der Formel:

$h = \frac{V}{r^2 \cdot \pi}$

$r = \sqrt{\frac{V}{\pi \cdot h}}$

Beispiel:

$V \approx 2\ cm \cdot 2\ cm \cdot 3{,}14 \cdot 5\ cm$

$V \approx 20\ cm^3 \cdot 3{,}14$

$V \approx 62{,}8\ cm^3$

Oberfläche (O):

$O = 2 \cdot r^2 \cdot \pi + 2 \cdot r \cdot \pi \cdot h$

Mantelfläche (M):

$M = 2 \cdot \pi \cdot r \cdot h$

Die Mantelfläche ist die Fläche des Zylinders ohne Grundfläche und ohne Deckfläche.

Aufgaben:

Setze für π die Zahl 3,14 ein!

	Gegeben:		Gesucht:
1.	r = 3 cm	h = 6 cm	➲ V ≈ ....
2.	r = 5 cm	h = 9 cm	➲ V ≈ ....
3.	V ≈ 1130,4 cm³	r = 6 cm	➲ h ≈ ....
4.	V ≈ 3014,4 cm³	r = 8 cm	➲ h ≈ ....
5.	V ≈ 4578,12 cm³	h = 18 cm	➲ r ≈ ....
6.	r = 10 cm	h = 21 cm	➲ O ≈ ....
7.	r = 16 cm	h = 30 cm	➲ M ≈ ....

Krummflächige Körper

(Zylinder, Kegel, Kugeln) • 2

Kegel

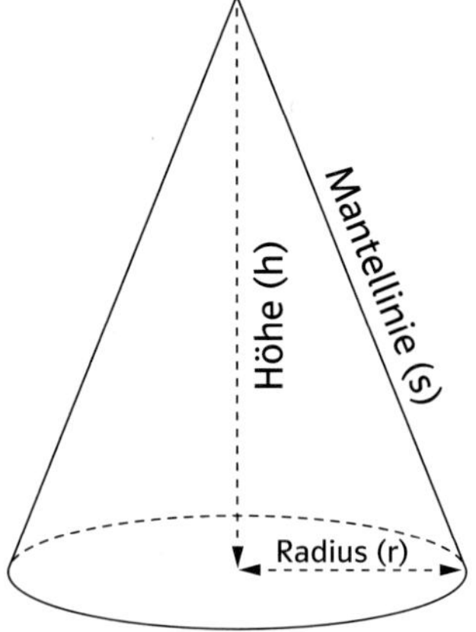

<u>Volumen (V):</u>

$V = \frac{r \cdot r \cdot \pi \cdot h}{3}$

$V = \frac{r^2 \cdot \pi \cdot h}{3}$

Umstellungen der Formel:

$h = \frac{3 \cdot V}{r^2 \cdot \pi}$

$r = \sqrt{\frac{3 \cdot V}{r^2 \cdot \pi}}$

Beispiel:

$V \approx \frac{2\ cm \cdot 2\ cm \cdot 3{,}14 \cdot 5\ cm}{3}$

$V \approx \frac{20\ cm^3 \cdot 3{,}14}{3}$

$V \approx \frac{6{,}28\ cm^3}{3}$

$V \approx 20{,}9\overline{3}\ cm^3$

<u>Oberfläche (O):</u>

$O = r^2 \cdot \pi + r \cdot \pi \cdot s$

<u>Mantelfläche (M):</u>

$M = r \cdot \pi \cdot s$

Die Mantelfläche des Kegels ist die Fläche des Kegels ohne Grundfläche.

Aufgaben:

Setze für π die Zahl 3,14 ein!

	Gegeben:		Gesucht:
8.	r = 4 dm	h = 9 dm	➲ V ≈ ....
9.	r = 6 dm	h = 10 dm	➲ V ≈ ....
10.	V ≈ 615,44 dm³	r = 7 dm	➲ h ≈ ....
11.	V ≈ 1186,92 dm³	r = 9 dm	➲ h ≈ ....
12.	V ≈ 3918,72 dm³	h = 26 dm	➲ r ≈ ....
13.	r = 15 dm	s = 28 dm	➲ O ≈ ....
14.	r = 19 dm	s = 30 dm	➲ M ≈ ....

Krummflächige Körper

(Zylinder, Kegel, Kugeln) • 3

Kugel

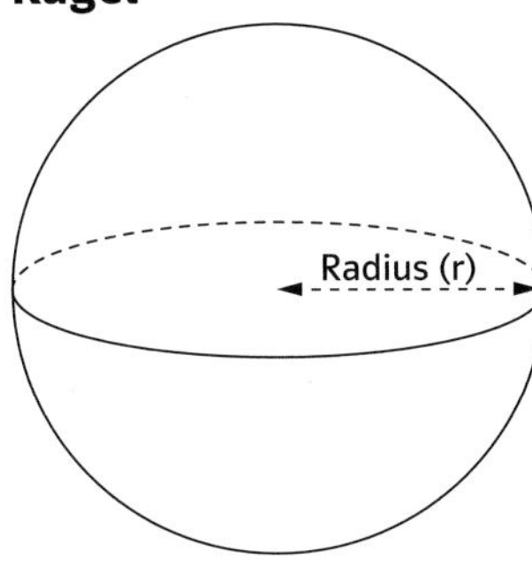

Volumen (V):

$V = \frac{4 \cdot r \cdot r \cdot r \cdot \pi}{3}$

$V = \frac{4 \cdot r^3 \cdot \pi}{3}$

Umstellung der Formel:

$r = \sqrt[3]{\frac{3 \cdot V}{4 \cdot \pi}}$

Beispiel:

$V \approx \frac{4 \cdot 2\,cm \cdot 2\,cm \cdot 2\,cm \cdot 3{,}14}{3}$

$V \approx \frac{32\,cm^3 \cdot 3{,}14}{3}$

$V \approx \frac{100{,}48\,cm^3}{3}$

$V \approx 33{,}49\overline{3}\,cm^3$

Oberfläche (O):

$O = 4 \cdot r \cdot r \cdot \pi$

$P = 4 \cdot r^2 \cdot \pi$

Aufgaben:

Setze für π die Zahl 3,14 ein!

	Gegeben:	Gesucht:
15.	r = 3 m	➲ V ≈ ....
16.	r = 9 m	➲ V ≈ ....
17.	r = 15 m	➲ V ≈ ....
18.	r = 18 m	➲ O ≈ ....
19.	r = 22 m	➲ O ≈ ....
20.	r = 27 m	➲ O ≈ ....

Einfache und zusammengesetzte Figuren • 1

Einfache Figur *(Beispiel):*

$U = 4 \cdot a$
$U = 4 \cdot 4\ cm$
$U = 16\ cm$

$A = a^2$
$A = 4\ cm \cdot 4\ cm$
$A = 16\ cm^2$

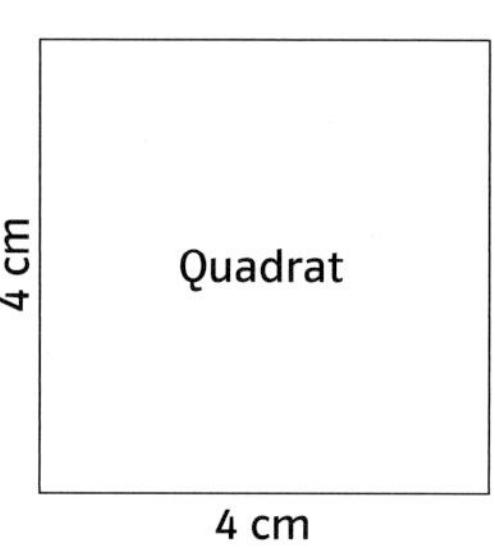

Zusammengesetzte Figur *(Beispiel):*

$U = 6\ cm + 5\ cm + 3\ cm + 2\ cm + 3\ cm + 3\ cm$
$U = 22\ cm$

$A = A_{Quadrat} + A_{Rechteck}$
$A = 3\ cm \cdot 3\ cm + 3\ cm \cdot 5\ cm$
$A = 9\ cm^2 + 15\ cm^2$
$A = 24\ cm^2$

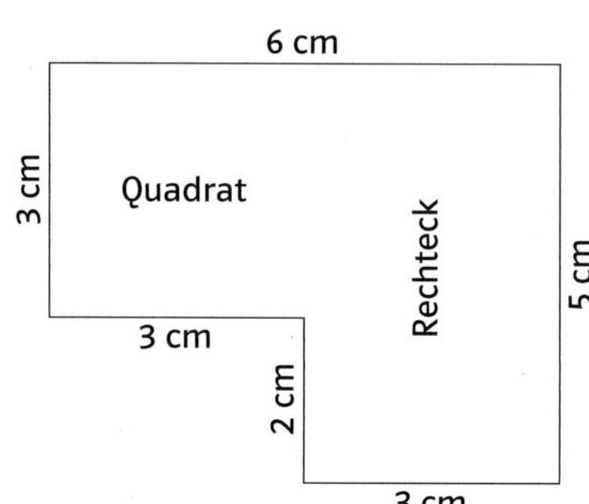

Rechne den Umfang (U) und den Flächeninhalt (A) der folgenden Figuren aus!

1.

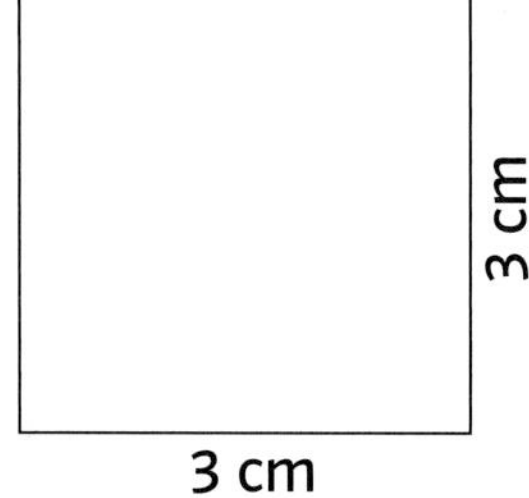

➲ U = ...

➲ A = ...

2.

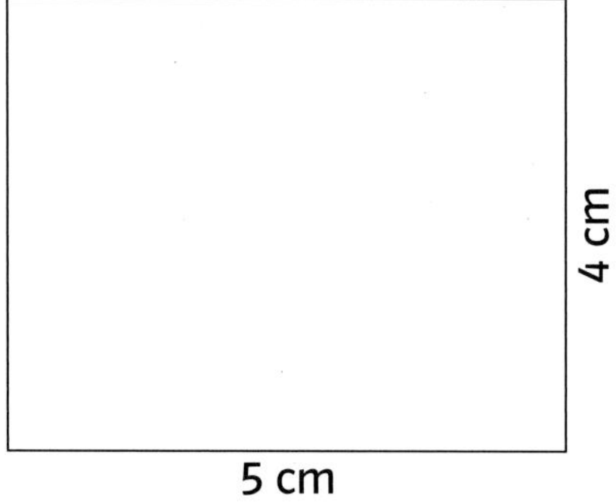

➲ U = ...

➲ A = ...

3.

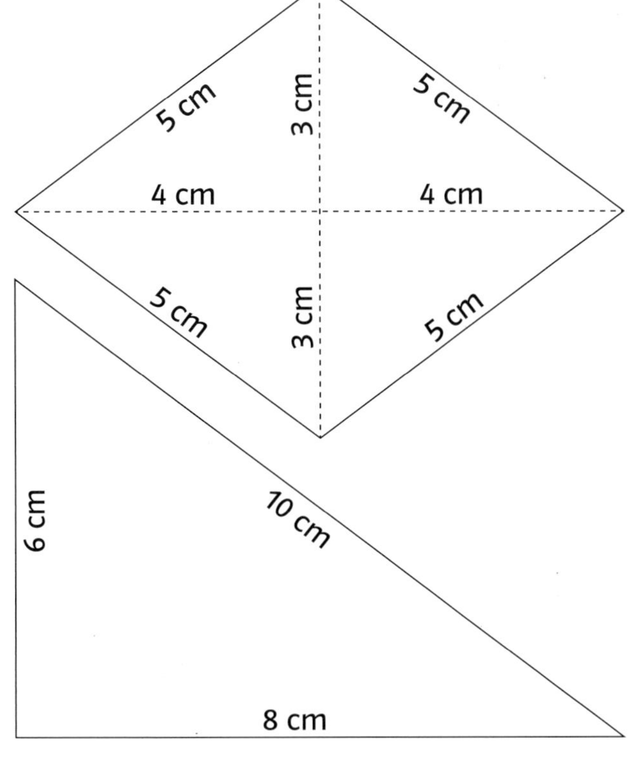

➲ U = ...

➲ A = ...

4.

➲ U = ...

➲ A = ...

5.

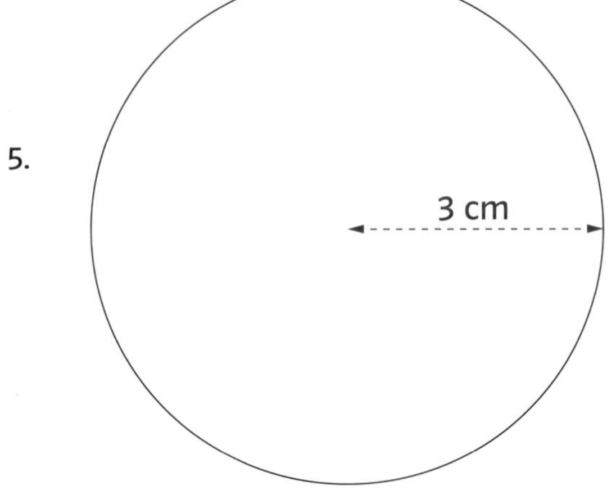

➲ U = ...

➲ A = ...

6.

6 cm
4 cm
4 cm
1,5 cm
1,5 cm
3 cm
3 cm
3 cm

➲ U = ...

➲ A = ...

Einfache und zusammengesetzte Figuren • 3

7.

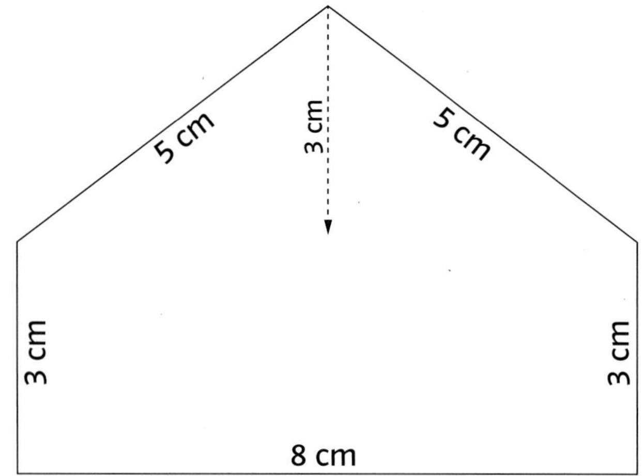

➲ U = ...

➲ A = ...

8.

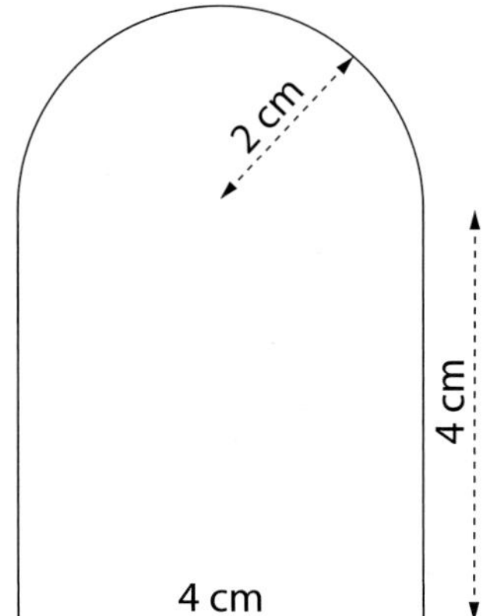

➲ U = ...

➲ A = ...

9.

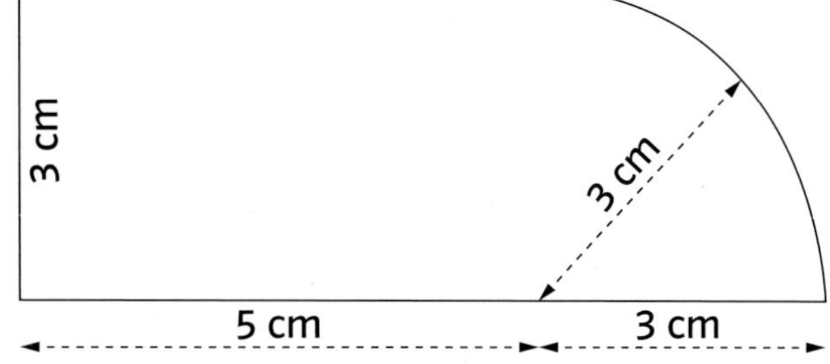

➲ U = ...

➲ A = ...

10.

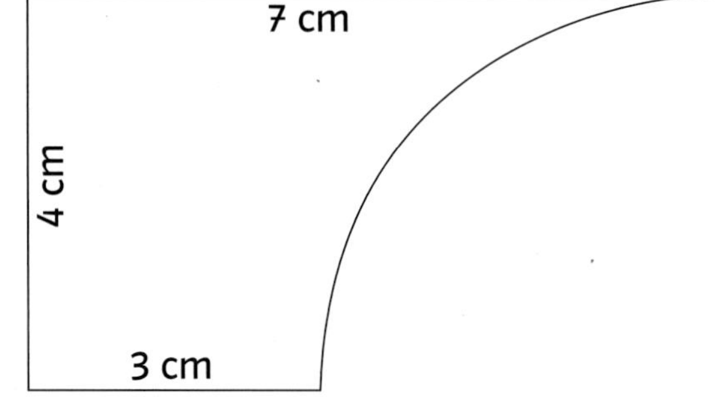

➲ U = ...

➲ A = ...

Textaufgaben (Planimetrie, Stereometrie) • 1

Wie gehst du am besten bei Textaufgaben vor?

1.) Lies die Aufgabe (mehrmals) sehr gründlich durch!
2.) Unterstreiche im Text das Wesentliche!
3.) Mache eine Skizze! Eine Skizze ist oft hilfreich.
4.) Schreibe in Kurzform auf: Was ist gegeben? Was wird gesucht?
5.) Überlege und schreibe auf, welche Formel(n) du benutzen musst! Manchmal musst du eine Formel umstellen.
6.) Setze die gegebenen Zahlen in die Formel(n) ein und rechne die Aufgaben aus!
7.) Überprüfe deine Rechnung(en) und das Endergebnis! Stimmt das Ergebnis wirklich?
8.) Notiere schließlich einen Antwortsatz!

Beispiel:
Aufgabe: In einem Zimmer soll ein neuer Teppichboden ausgelegt werden. Das Zimmer ist 6,50 m lang und 5 m breit. Welche Flächengröße hat das Zimmer?

Flächeninhalt (A) = ?
b = 5 m
a = 6,5 m

Gegeben: a = 6,5 m, b = 5 m
Gesucht: A = ?
Formel: A = a · b
Rechnung: A = 6,5 m · 5 m
A = 32,5 m²

Löse die folgenden 20 Textaufgaben!

1. Die Seiten einer quadratischen Tischplatte sind jeweils 80 cm lang. Wie groß ist die Fläche der Tischplatte?

➲ ....

....

....

Textaufgaben (Planimetrie, Stereometrie) • 2

2. In einem Garten ist ein quadratförmiges Blumenbeet 16 m^2 groß. Wie lang ist jede Seite des Blumenbeetes?

➲ ....

....

....

3. Ein rechteckiges Baugrundstück ist 38 m lang und 16 m breit. Welchen Flächeninhalt hat das Baugrundstück?

➲ ....

....

....

4. Um ein rechteckiges Wandbild herum befindet sich ein dünner Rahmen. Das Bild ist 0,90 m lang und 0,50 m breit. Welche Länge hat der Bildrahmen insgesamt?

➲ ....

....

....

5. Bei einem selbstgebauten Drachen(viereck) ist die waagerechte Diagonale 1,10 m lang, die senkrechte Diagonale ist 1,60 m lang. Wie groß ist die Fläche des Drachens?

➲ ....

....

....

Textaufgaben (Planimetrie, Stereometrie) • 3

6. Die Grundseite eines dreieckigen Giebelfensters, das auch gleichschenklig ist, hat eine Länge von 1,20 m. Die Höhe der Grundseite des Dreiecks beträgt 0,80 m. Welche Flächengröße hat das Giebelfenster?

➲ ....

....

....

7. Ein Balken wird schräg im Abstand von 6 m an einer senkrechten Hauswand aufgestellt. Der Balken berührt die Hauswand in 8 m Höhe.
Wie lang ist der Balken?

➲ ....

....

....

8. Um einen kreisrunden Teich soll ein Zaun gebaut werden. Der kleine Teich hat einen Radius von 12 m.
Wie lang wird der Zaun, der unmittelbar den Teich umgeben soll?

➲ ....

....

....

9. Aus einen quadratischen Blech wird die größtmögliche Kreisfläche ausgeschnitten. Die Seiten des Blechs sind jeweils 60 cm lang.
Welche Flächengröße hat das kreisförmige Stück Blech?

➲ ....

....

....

10. Eine große Tür hat unten die Form eines Rechtecks und oben die Form eines Halbkreises (siehe Skizze). Berechne die Flächengröße der Tür!

1 m
2,50 m
2 m

➲ ....

....

....

11. In einer Sportarena hängt von der Hallendecke ein Video-Würfel herab. Die Kanten des Würfels sind 4,50 m lang.
Welchen Rauminhalt hat der Video-Würfel?

➲ ....

....

....

12. Ein Würfel hat ein Volumen von 216 cm^3.
Wie lang ist jede Kante des Würfels?

➲ ....

....

....

13. Ein rechteckiger Swimmingpool ist 12 m lang, 6 m breit und 1,20 m tief. Wie viel m^3 Wasser befinden sich im Swimmingpool, wenn dieser eine Wassertiefe von 90 cm hat?

➲ ....

....

....

14. Alle Außenflächen eines rechteckigen Kartons sind beklebt mit Werbung. Der Karton ist 40 cm lang, 20 cm breit und 15 cm hoch. Wie viele cm^2 des Kartons sind beklebt?

➲ ....

....

....

15. Eine Kiste hat eine Länge von 1,80 m und eine Breite von 1,10 m. Der Rauminhalt der Kiste beträgt 1,782 m^3. Welche Höhe hat die rechtwinklige Kiste?

➲ ....

....

....

16. Ein Gebäude hat die Form einer quadratischen Pyramide. Die 4 Grundseiten des Gebäudes sind jeweils 21 m lang. Das Gebäude hat ein Volumen von 1617 m^3. Wie hoch ist das Gebäude?

➲ ....

....

....

Textaufgaben (Planimetrie, Stereometrie) • 6

17. Ein Behälter sieht genauso aus wie ein Zylinder. Der Behälter hat einen Durchmesser von 80 cm und eine Höhe von 1 m.
Wie groß ist die Mantelfläche des zylindrischen Behälters?

➲ ....

....

....

18. Die Deckfläche und die Mantelfläche einer Zylinderartigen Litfaßsäule sollen weiß angestrichen werden. Die Litfaßsäule ist 3 m hoch und hat einen Radius von 70 cm. Wie groß ist die Fläche, die angestrichen wird?

➲ ....

....

....

19. Auf einem Turm ist ein kegelförmiges Dach. Das Dach hat einen Radius von 3 m. Die Mantellinie des Daches ist 5 m lang. Das Dach bekommt neue Dachpfannen. Wie viele m^2 Fläche bedecken die neuen Dachpfannen?

➲ ....

....

....

20. Ein aufgepumpter Fußball hat einen Durchmesser von 22 cm.
Wie viel m^3 Luft sind im Ball?

➲ ....

....

....

Test: Geometrie • A • 1

Name:

Erreichte Punktzahl:

1. Was ist das? Notiere den Fachbegriff!

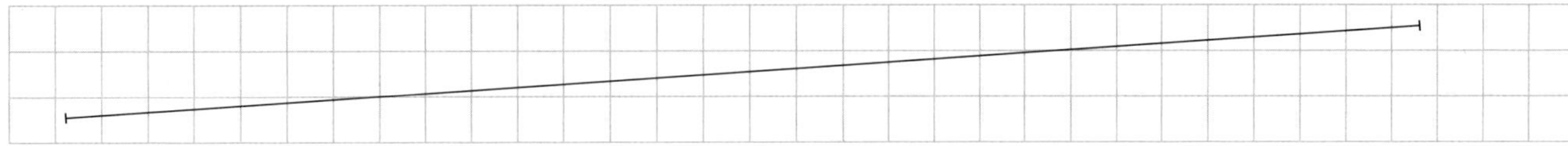

➲ ……………………………………………………………………

2. Nenne zwei verschiedene Arten der Dreiecke!

➲ ……………………………………………………………………

3. Zeichne ein Parallelogramm!

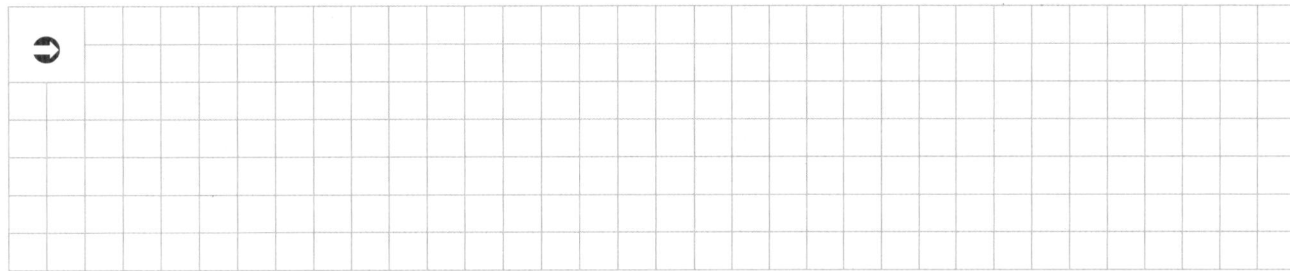

4. Wie groß ist der gezeichnete Winkel α?

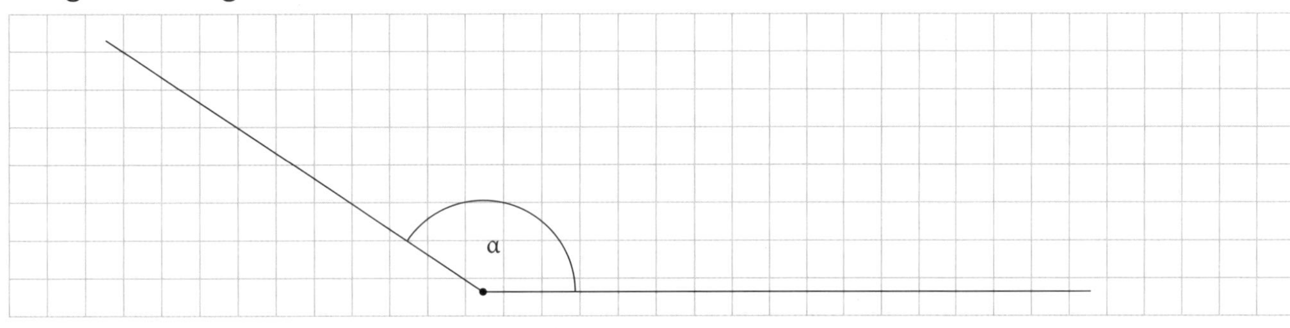

➲ α = ……………………………………………………………………

5. Zeichne einen Winkel, der 212° groß ist!

Test: Geometrie • A • 2

Name:

Erreichte Punktzahl:

6. Berechne den Umfang der Figur!

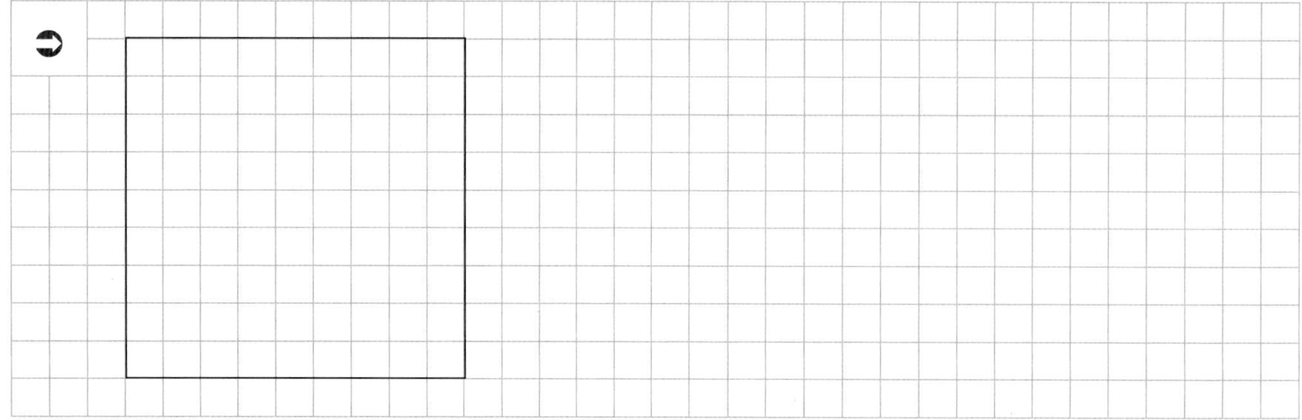

7. Rechne den Flächeninhalt der Figur aus!

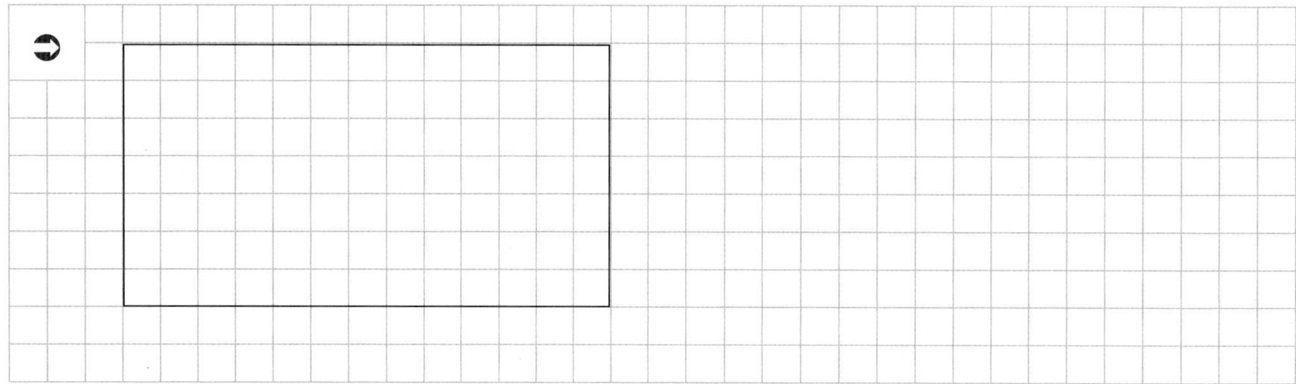

8. Wie heißt die Formel für die Berechnung des Flächeninhalts von Drachen(vierecken)?

➲ ....

9. Welchen Umfang und welche Flächengröße hat das Dreieck?

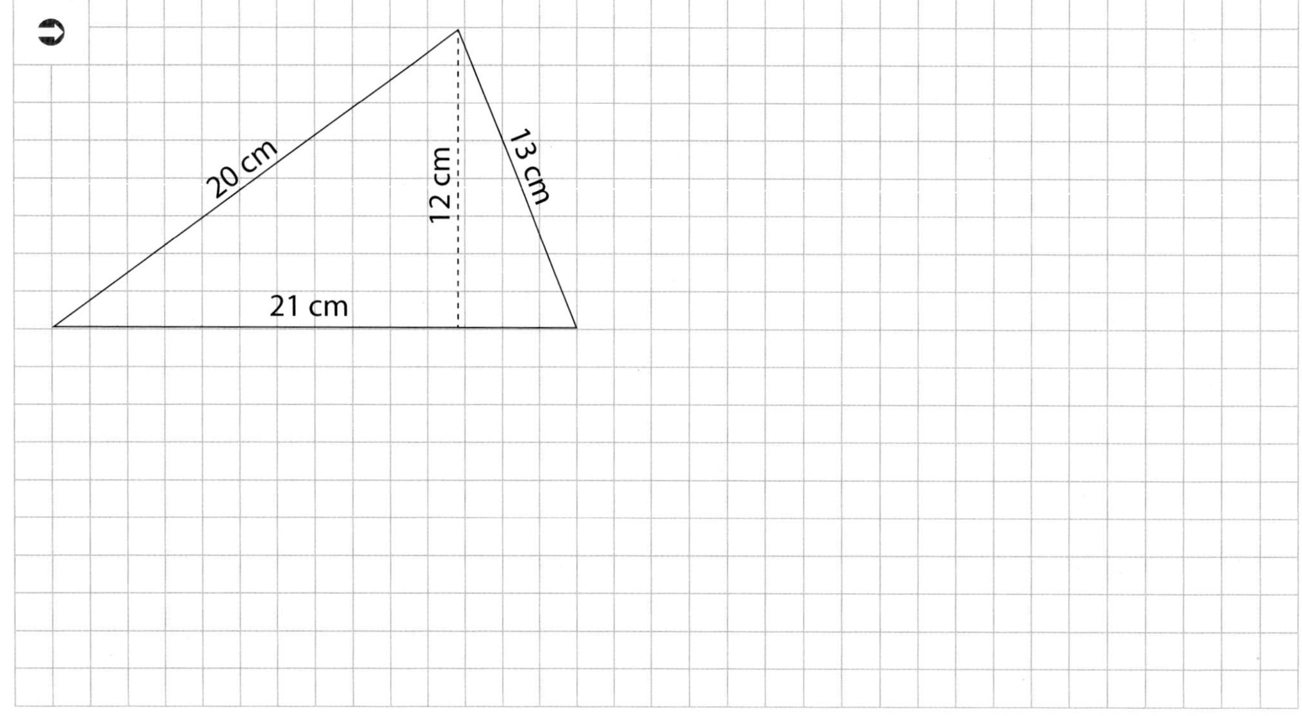

Test: Geometrie • A • 3

Name:

Erreichte Punktzahl:

10. Wie heißt der Satz des Pythagoras in Worten? Zeichne dazu ein rechtwinkliges Dreieck und benenne entsprechend der Formel die Seiten dieses Dreiecks!

11. Welchen Umfang (in cm) hat der Kreis?

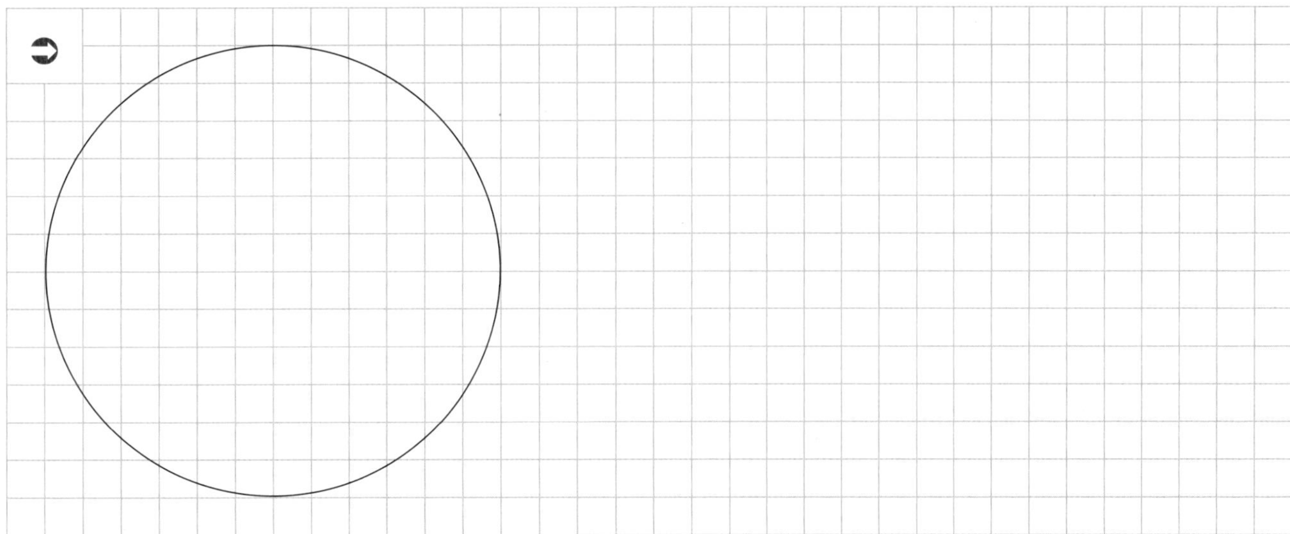

12. Welchen Flächeninhalt (in cm²) hat der Viertelkreis?

13. Schreibe die Namen von drei krummflächigen Körpern auf!

➲ ....

14. Wie viele Flächen und wie viele Kanten hat ein Würfel?

➲ ....

Test: Geometrie • A • 4

Name:

Erreichte Punktzahl:

15. Wie lautet die Formel für die Berechnung des Volumens eines Quaders?

➲ ....

16. Wie heißt die Formel für die Berechnung der Oberfläche eines Würfels?

➲ ....

17. Rechne das Volumen des Zylinders aus!

18. Die Formel für die Berechnung des Volumens eines Kegels ist $V = \frac{r^2 \cdot \pi \cdot h}{3}$. Stelle die Formel so um, dass die Höhe (h) in der Formel allein auf einer Seite steht!

➲ ....

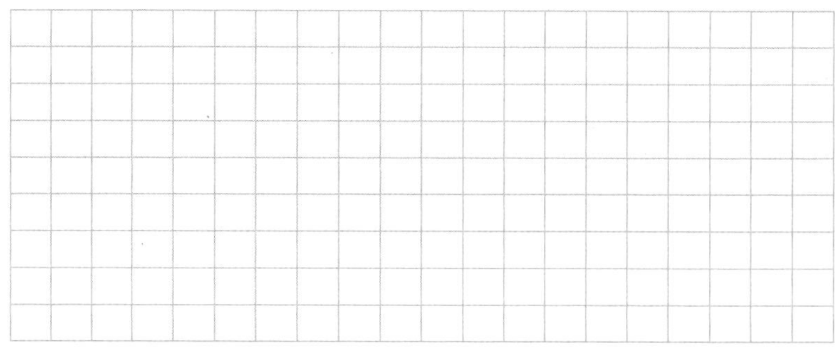

19. Wie viele Liter Öl passen in einen rechtwinkligen Tank hinein, der 2 m lang, 1,50 m breit und 1,20 m hoch ist?

➲ ....

....

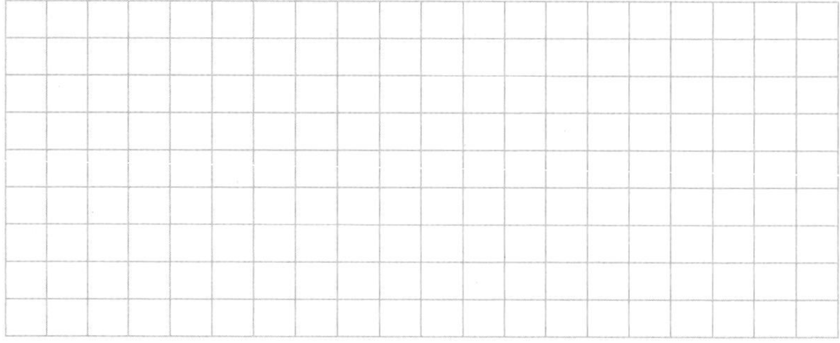

20. Eine aus Plexiglas bestehende Kugel hat einen Durchmesser von 20 cm. Wie groß ist die Oberfläche der Kugel?

➲ ....

....

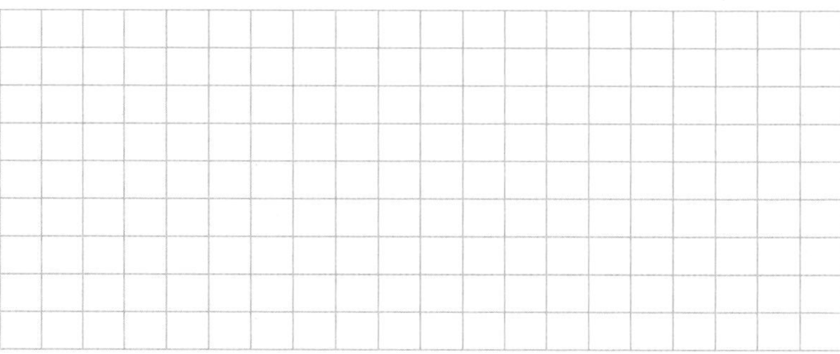

Test: Geometrie • B • 1

Name:

Erreichte Punktzahl:

1. Was ist das? Notiere den Fachbegriff!

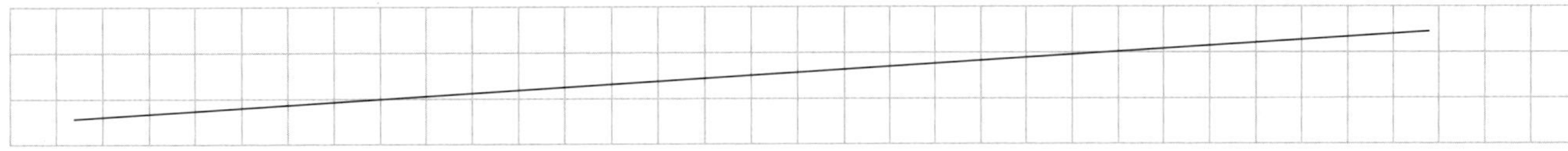

➲ ....

2. Nenne zwei verschiedene Arten der rechtwinkligen Vierecke!

➲ ....

3. Zeichne ein Trapez!

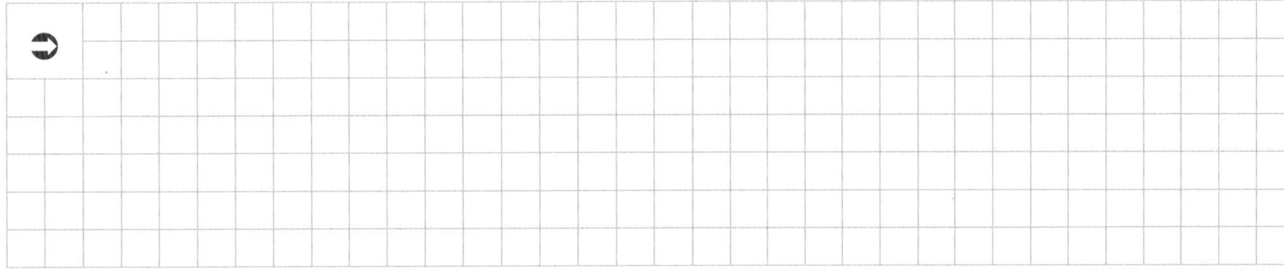

4. Wie groß ist der gezeichnete Winkel α?

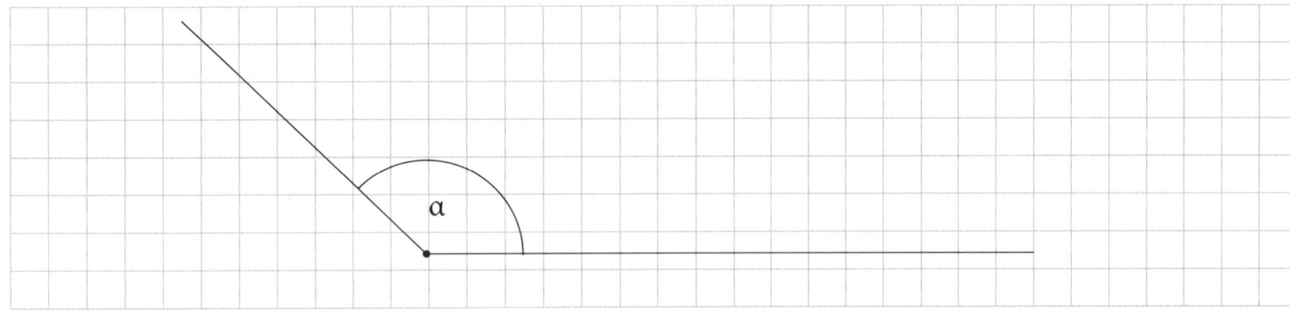

➲ α = ...

5. Zeichne einen Winkel, der 248° groß ist!

Test: Geometrie • B • 2

Name:

Erreichte Punktzahl:

6. Berechne den Flächeninhalt der Figur!

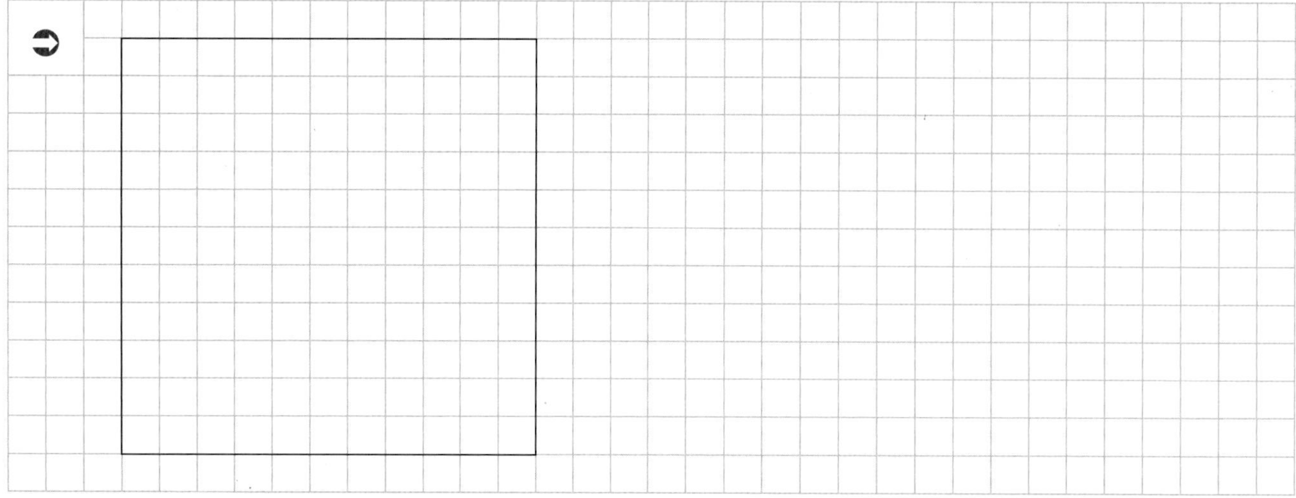

7. Rechne den Umfang der Figur aus!

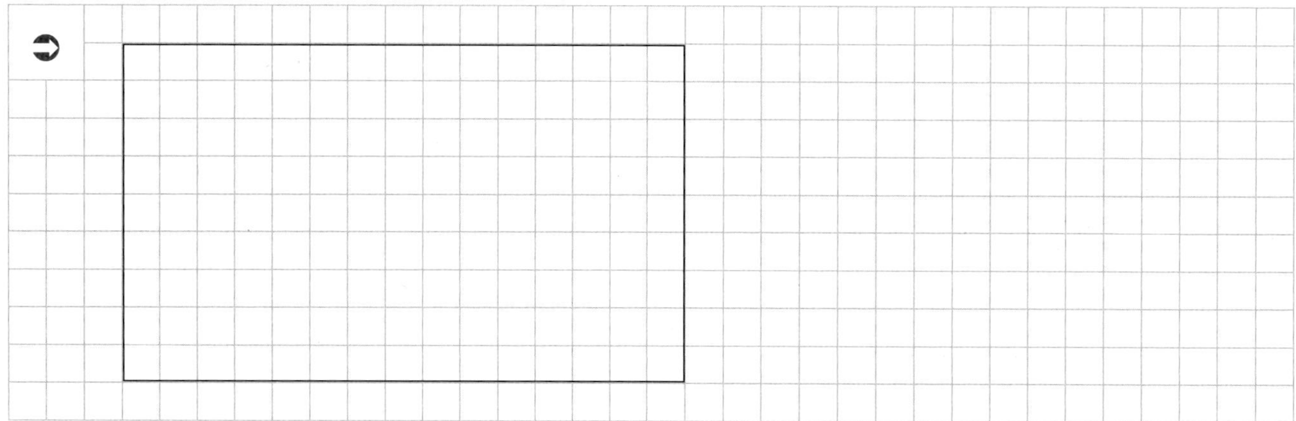

8. Wie heißt die Formel für die Berechnung des Flächeninhalts von Rauten?

➲ ....

9. Welchen Umfang und welche Flächengröße hat das Dreieck?

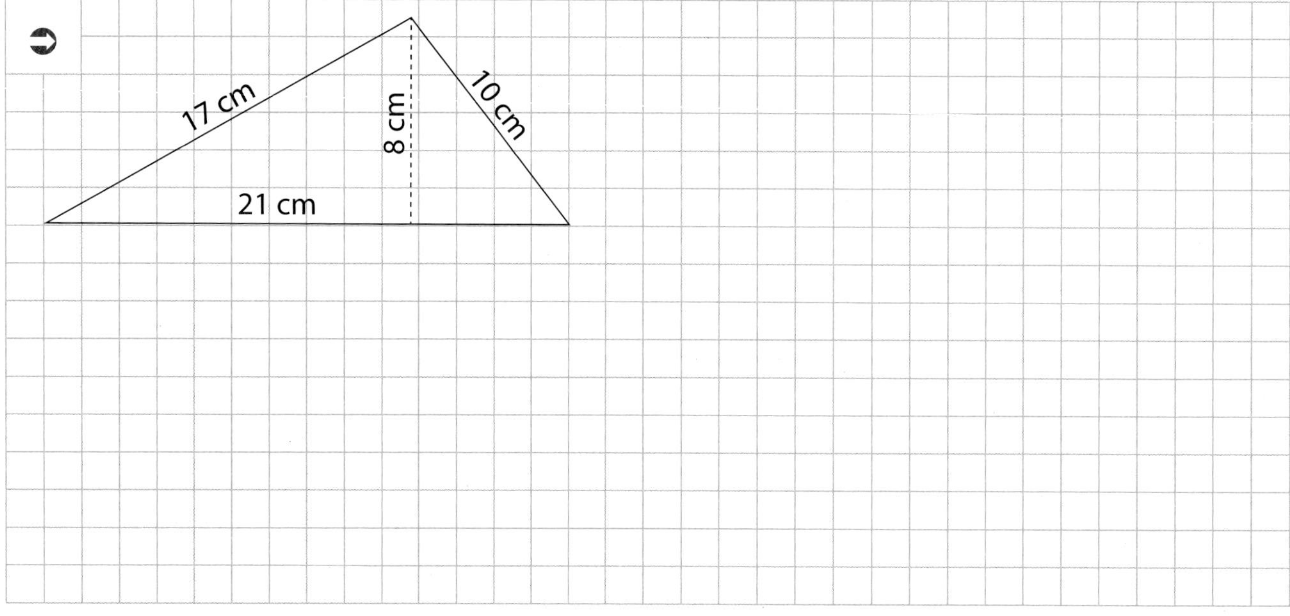

Test: Geometrie • B • 3

Name:

Erreichte Punktzahl:

10. Wie heißt der Satz des Pythagoras als Formel? Zeichne dazu ein rechtwinkliges Dreieck und benenne entsprechend der Formel die Seiten dieses Dreiecks!

11. Wie viel cm^2 Fläche hat der Kreis?

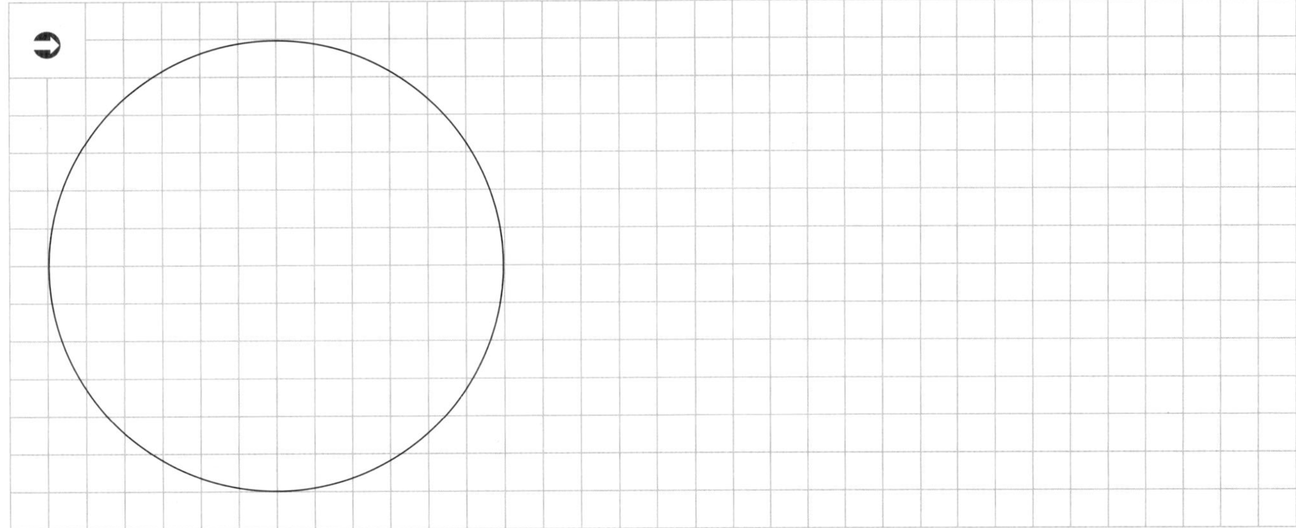

12. Welchen Umfang (in cm) hat der Halbkreis?

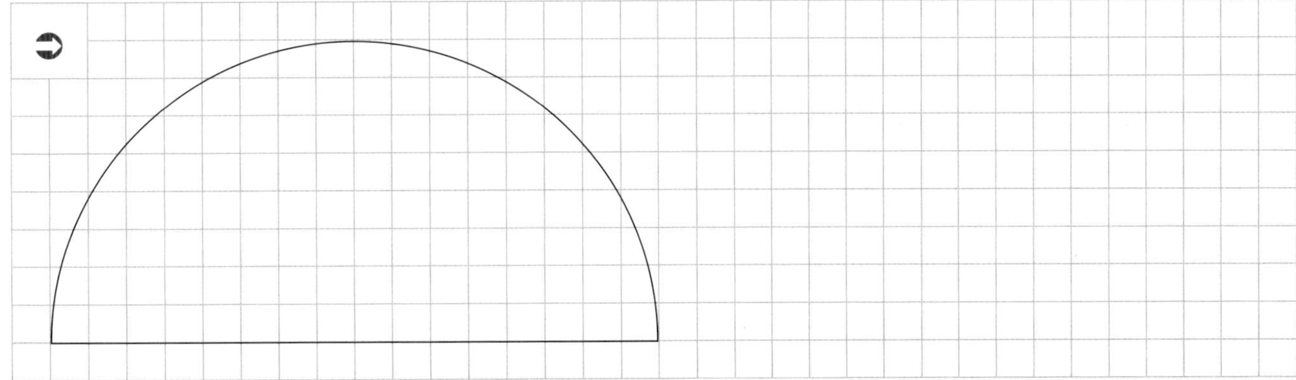

13. Schreibe die Namen von drei ebenflächigen Körpern auf!

➲ ....

14. Wie viele Flächen und wie viele Kanten hat ein Quader?

➲ ....

Test: Geometrie • B • 4

Name:

Erreichte Punktzahl:

15. Wie lautet die Formel für die Berechnung des Volumens eines Würfels?

➲ ....

16. Wie heißt die Formel für die Berechnung der Oberfläche eines Quaders?

➲ ....

17. Rechne das Volumen der quadratischen Pyramide aus!

18. Die Formel für die Berechnung der Oberfläche einer Kugel ist $O = 4 \cdot r^2 \cdot \pi$. Stelle die Formel so um, dass der Radius (r) in der Formel allein auf einer Seite der Gleichung steht!

➲ ....

19. Ein Bagger und Arbeiter heben eine rechtwinklige Baugrube aus. Die Baugrube ist 18,50 m lang, 13,50 m breit und 5 m tief. Welchen Rauminhalt (in dm^3) hat die Baugrube?

➲ ....

....

20. Eine Konservendose hat einen Durchmesser von 10 cm und ist 12 cm hoch. Wie groß ist die Mantelfläche der Konservendose?

➲ ....

....

Geometrie (Themenübersicht)

Was kannst du?

Grundbegriffe der Flächenlehre ①	Winkel messen, zeichnen, Winkelarten kennen ②	Quadrate beschreiben, zeichnen, berechnen ③	Rechtecke beschreiben, zeichnen, berechnen ④	Rauten beschreiben, zeichnen, berechnen ⑤
Drachen(vierecke) beschreiben, zeichnen, berechnen ⑥	Parallelogramme beschreiben, zeichnen, berechnen ⑦	Trapeze beschreiben, zeichnen, berechnen ⑧	Dreiecke beschreiben, zeichnen, berechnen; Dreiecksarten kennen ⑨	Satz des Pythagoras kennen und anwenden ⑩
Kreise, Halbkreise und Viertelkreise zeichnen, berechnen ⑪	Würfel beschreiben, zeichnen, berechnen ⑫	Quader beschreiben, zeichnen, berechnen ⑬	Quadratische Pyramiden beschreiben, zeichnen, berechnen ⑭	Zylinder beschreiben, zeichnen, berechnen ⑰
Kegel beschreiben, zeichnen, berechnen ⑲	Kugel beschreiben, zeichnen, berechnen ⑰	Zusammengesetzte Figuren berechnen ⑱	Textaufgaben (aus der Flächenlehre) lösen ⑲	Textaufgaben (aus der Raumlehre) lösen ⑳

Lernerfolgskontrolle • 1

Was kannst du?

Was ist der Unterschied zwischen einer Strecke und einer Geraden? (1)	Zu welcher Art von Winkeln gehört der gezeichnete Winkel? (2)	Nach welcher Formel wird der Umfang eines Quadrates berechnet? (3)	Wie lautet die Formel für die Berechnung des Flächeninhalts eines Rechtecks? (4)	Nenne 3 Merkmale einer Raute! (5)
Wodurch unterscheidet sich eine Raute von einem Drachen(viereck)? (6)	Zeichne ein Parallelogramm! (7)	Ergänze die Flächenformel für ein Trapez! $A = \frac{a + c}{2} \cdot \ldots$ (8)	Welche 3 Arten von Dreiecken werden nach der Seitenlänge voneinander unterschieden? (9)	Was besagt der Satz des Pythagoras? (10)
Erkläre, was mit dem Radius und was mit dem Durchmesser bei Kreisen gemeint ist! (11)	Wie viele Flächen, Kanten und Ecken besitzt ein Würfel? (12)	Auf welche Weise wird der Rauminhalt (= Volumen) eines Quaders berechnet? (13)	Wie viele Flächen weist eine quadratische Pyramide auf? (14)	Nenne die Formel für die Berechnung des Volumens eines Zylinders! (17)
Zeichne einen Kegel und schraffiere die Mantelfläche dieses Körpers! (19)	Vervollständige die Formel für die Berechnung der Oberfläche einer Kugel! $O = \ldots \cdot r^2 \cdot \pi$ (17)	2 m, 4 m, 4 m — Aus welchen 2 Figuren besteht die zusammengesetzte Figur? Berechne die Fläche der zusammengesetzten Figur! (18)	In einem Park befindet sich ein quadratischer Teich mit einer Wasserfläche von 81 m^2. Wie lang ist jede Seite des Teichs? (19)	Ein kleines Schwimmbecken ist 10 m lang, 8 m breit und 2 m tief. Es wird bis 20 cm unter den Rand mit Wasser gefüllt. Wie viel m^3 Wasser befinden sich im Schwimmbecken? (20)

Lernerfolgskontrolle • 2

Was kannst du?

Errichte auf der Geraden g eine Senkrechte! ①	Wie werden die Winkel genannt, die größer als 90°, aber kleiner als 180° sind? ②	Welchen Flächeninhalt hat ein Quadrat, dessen Seiten jeweils 7 cm lang sind? ③	$b = 2{,}5$ cm; $a = 4$ cm Rechne den Flächeninhalt der Figur aus! ④	Zeichne eine Raute, deren Diagonale 4 cm lang ist, während die andere Diagonale eine Länge von 8 cm hat. ⑤
1 cm; 1 cm; 3 cm Wie groß ist die Fläche des Drachenvierecks? ⑥	Wie groß ist der Umfang eines Parallelogramms, dessen Seiten jeweils 15 cm bzw. 10 cm lang sind? ⑦	Zeichne ein gleichschenkliges Trapez, dessen Grundseite $a = 12$ cm und dessen Seite $c = 6$ cm beträgt! ⑧	Nach welcher Formel wird allgemein der Flächeninhalt von Dreiecken ausgerechnet? ⑨	$b = ?$; $a = 6$ cm; $c = 8$ cm Berechne die Länge der Seite b des Dreiecks! ⑩
Welche Zahl ergibt sich jeweils als Resultat, wenn man den Umfang eines beliebigen Kreises durch seinen Durchmesser teilt? ⑪	Welches Volumen hat ein Würfel, bei dem die Kanten jeweils 2 cm lang sind? ⑫	Wie heißt die Formel für die Berechnung der Oberfläche eines Quaders? ⑬	Die Formel für die Berechnung des Volumens von quadratischen Pyramiden lautet: $V = \frac{a^2 \cdot h}{3}$. Stelle die Gleichung so um, dass h allein auf einer Seite steht! ⑭	Aus welchen 3 Flächen setzt sich ein Zylinder zusammen? ⑰
Welche Form hat die Grundfläche eines Kegels? Nach welcher Formel wird die Grundfläche berechnet? ⑲	Ergänze die Formel für die Berechnung des Volumens von Kegeln! $V = \frac{r^2 \cdot ?}{3}$ ⑰	3 m; 3 m; 4 m Aus welchen 2 Figuren besteht die zusammengesetzte Figur? Wie groß ist die Fläche der zusammengesetzten Figur? ⑱	Ein Ehepaar kauft sich ein rechteckiges Baugrundstück, das 817 m^2 groß und 19 m breit ist. Welche Länge hat das Baugrundstück? ⑲	Eine zylindrische Plakatsäule hat einen Durchmesser von 1 m und ist 2,70 m hoch. Wie groß ist die Plakatfläche, wenn der Sockel 40 cm hoch ist und oben ein Rand von 30 cm frei bleiben soll? ⑳

Lösungen

Seite 4	Aufg.	Lösungen
Planimetrie (Grundbegriffe)	1.	Gerade
	2.	Strahl
	3.	Strecke
	4.	Parallelen
	5.	Waagerechte
	6.	Senkrechte
	7.	Winkel
	8.	Quadrat
	9.	Rechteck
	10.	Raute (= Rhombus)
	11.	Drachen(viereck) (= Deltoid)
	12.	Parallelogramm (= verschobenes Rechteck)
	13.	Trapez (gleichschenklig)
	14.	Dreieck
	15.	Fünfeck
	16.	Sechseck
	17.	Kreis
	18.	Halbkreis
	19.	Viertelkreis
	20.	Kreisring

Seite 6	Aufg.	Lösungen
Winkel messen	1.	30°
	2.	50°
	3.	65°
	4.	75°
	5.	90°
	6.	105°
	7.	128°
	8.	142°
	9.	155°
	10.	180°
	11.	190°
	12.	215°
	13.	233°
	14.	252°
	15.	270°
	16.	290°
	17.	305°
	18.	324°
	19.	337°
	20.	360°

Seite 9	Aufg.	Lösungen (Zeichnungen hier nicht darstellbar)
Winkel zeichnen	1.	spitzer Winkel
	2.	spitzer Winkel
	3.	spitzer Winkel
	4.	spitzer Winkel
	5.	rechter Winkel
	6.	stumpfer Winkel
	7.	stumpfer Winkel
	8.	stumpfer Winkel
	9.	stumpfer Winkel
	10.	gestreckter Winkel
	11.	überstumpfer Winkel
	12.	überstumpfer Winkel
	13.	überstumpfer Winkel
	14.	überstumpfer Winkel
	15.	überstumpfer Winkel
	16.	überstumpfer Winkel
	17.	überstumpfer Winkel
	18.	überstumpfer Winkel
	19.	überstumpfer Winkel
	20.	Vollwinkel

Seite 12	Aufg.	Lösungen
Größe der Winkel berechnen	1.	120°
	2.	90°
	3.	72°
	4.	60°
	5.	45°
	6.	40°
	7.	36°
	8.	30°
	9.	24°
	10.	20°
	11.	18°
	12.	15°
	13.	12°
	14.	10°
	15.	9°
	16.	8°
	17.	6°
	18.	5°
	19.	4°
	20.	3°

Seite 13	Aufg.	Lösungen
Quadrate	1.	U = 20 cm
	2.	U = 36 cm
	3.	U = 48 cm
	4.	U = 60 cm
	5.	U = 76 cm
	6.	a = 6 dm
	7.	a = 8 dm
	8.	a = 13 dm
	9.	a = 16 dm
	10.	a = 22 dm
	11.	A = 49 m²
	12.	A = 121 m²
	13.	A = 196 m²
	14.	A = 289 m²
	15.	A = 576 m²
	16.	a = 3 km
	17.	a = 10 km
	18.	a = 15 km
	19.	a = 18 km
	20.	a = 23 km

Seite 19	Aufg.	Lösungen
Dreiecke (Winkel, Umfang, Flächeninhalt)	1.	$\alpha = 59°$
	2.	$\beta = 48°$
	3.	$\gamma = 73°$
	4.	U = 8 cm + 7 cm + 9 cm U = 24 cm
	5.	$A = \frac{9\text{ cm} \cdot 6\text{ cm}}{2} = \frac{54}{2}\text{ cm}^2$ $A = 27\text{ cm}^2$
	6.	$\alpha = 90°$
	7.	$\beta = 37°$
	8.	$\gamma = 53°$
	9.	U = 10 cm + 6 cm + 8 cm U = 24 cm
	10.	$A = \frac{8\text{ cm} \cdot 6\text{ cm}}{2} = \frac{48}{2}\text{ cm}^2$ $A = 24\text{ cm}^2$
		Aufgaben 11 bis 20: Zeichnungen hier nicht darstellbar.
	11.	a = 9 cm
	12.	$\beta = 49°$
	13.	$\gamma = 71°$
	14.	U = 9 cm + 8 cm + 10 cm U = 27 cm
	15.	$A = \frac{10\text{ cm} \cdot 7\text{ cm}}{2} = \frac{70}{2}\text{ cm}^2$ $A = 35\text{ cm}^2$
	16.	$\alpha = 60°$
	17.	$\beta = 60°$
	18.	$\gamma = 60°$
	19.	U = 12 cm + 12 cm + 12 cm U = 36 cm
	20.	$A = \frac{12\text{ cm} \cdot 10{,}4\text{ cm}}{2}$ $A = \frac{124{,}8\text{ cm}}{2}\text{ cm}^2$ $A = 62{,}4\text{ cm}^2$

Seite 15	Aufg.	Lösungen
Rechtecke	1.	U = 22 cm
	2.	U = 36 cm
	3.	U = 48 cm
	4.	U = 62 cm
	5.	U = 82 cm
	6.	b = 3 dm
	7.	b = 6 dm
	8.	b = 12 dm
	9.	a = 15 dm
	10.	a = 21 dm
	11.	A = 63 m²
	12.	A = 126 m²
	13.	A = 247 m²
	14.	A = 391 m²
	15.	A = 528 m²
	16.	b = 11 km
	17.	b = 12 km
	18.	b = 14 km
	19.	a = 17 km
	20.	a = 22 km

Seite 17	Aufg.	Lösungen
Rechtecke	1.	U = 28 cm
	2.	U = 48 cm
	3.	A = 9 cm²
	4.	A = 18 cm²
	5.	U = 26 cm
	6.	U = 46 cm
	7.	A = 51 cm²
	8.	A = 76 cm²
	9.	U = 36 cm
	10.	U = 50 cm
	11.	A = 60 cm²
	12.	A = 120 cm²
	13.	U = 24 cm
	14.	U = 41 cm
	15.	A =15 cm²
	16.	A = 65 cm²
	17.	a = 12 cm
	18.	b = 17 cm
	19.	ha = 7 cm
	20.	ha = 19 cm

Lösungen

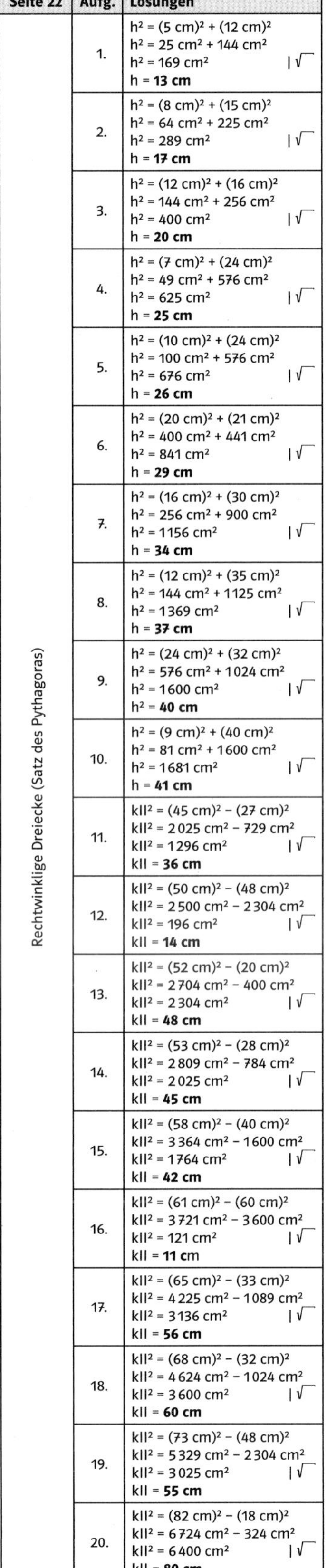

Seite 22	Aufg.	Lösungen
Rechtwinklige Dreiecke (Satz des Pythagoras)	1.	$h^2 = (5\ cm)^2 + (12\ cm)^2$ $h^2 = 25\ cm^2 + 144\ cm^2$ $h^2 = 169\ cm^2 \quad \vert \sqrt{\ }$ h = **13 cm**
	2.	$h^2 = (8\ cm)^2 + (15\ cm)^2$ $h^2 = 64\ cm^2 + 225\ cm^2$ $h^2 = 289\ cm^2 \quad \vert \sqrt{\ }$ h = **17 cm**
	3.	$h^2 = (12\ cm)^2 + (16\ cm)^2$ $h^2 = 144\ cm^2 + 256\ cm^2$ $h^2 = 400\ cm^2 \quad \vert \sqrt{\ }$ h = **20 cm**
	4.	$h^2 = (7\ cm)^2 + (24\ cm)^2$ $h^2 = 49\ cm^2 + 576\ cm^2$ $h^2 = 625\ cm^2 \quad \vert \sqrt{\ }$ h = **25 cm**
	5.	$h^2 = (10\ cm)^2 + (24\ cm)^2$ $h^2 = 100\ cm^2 + 576\ cm^2$ $h^2 = 676\ cm^2 \quad \vert \sqrt{\ }$ h = **26 cm**
	6.	$h^2 = (20\ cm)^2 + (21\ cm)^2$ $h^2 = 400\ cm^2 + 441\ cm^2$ $h^2 = 841\ cm^2 \quad \vert \sqrt{\ }$ h = **29 cm**
	7.	$h^2 = (16\ cm)^2 + (30\ cm)^2$ $h^2 = 256\ cm^2 + 900\ cm^2$ $h^2 = 1156\ cm^2 \quad \vert \sqrt{\ }$ h = **34 cm**
	8.	$h^2 = (12\ cm)^2 + (35\ cm)^2$ $h^2 = 144\ cm^2 + 1125\ cm^2$ $h^2 = 1369\ cm^2 \quad \vert \sqrt{\ }$ h = **37 cm**
	9.	$h^2 = (24\ cm)^2 + (32\ cm)^2$ $h^2 = 576\ cm^2 + 1024\ cm^2$ $h^2 = 1600\ cm^2 \quad \vert \sqrt{\ }$ h^2 = **40 cm**
	10.	$h^2 = (9\ cm)^2 + (40\ cm)^2$ $h^2 = 81\ cm^2 + 1600\ cm^2$ $h^2 = 1681\ cm^2 \quad \vert \sqrt{\ }$ h = **41 cm**
	11.	$kII^2 = (45\ cm)^2 - (27\ cm)^2$ $kII^2 = 2025\ cm^2 - 729\ cm^2$ $kII^2 = 1296\ cm^2 \quad \vert \sqrt{\ }$ kII = **36 cm**
	12.	$kII^2 = (50\ cm)^2 - (48\ cm)^2$ $kII^2 = 2500\ cm^2 - 2304\ cm^2$ $kII^2 = 196\ cm^2 \quad \vert \sqrt{\ }$ kII = **14 cm**
	13.	$kII^2 = (52\ cm)^2 - (20\ cm)^2$ $kII^2 = 2704\ cm^2 - 400\ cm^2$ $kII^2 = 2304\ cm^2 \quad \vert \sqrt{\ }$ kII = **48 cm**
	14.	$kII^2 = (53\ cm)^2 - (28\ cm)^2$ $kII^2 = 2809\ cm^2 - 784\ cm^2$ $kII^2 = 2025\ cm^2 \quad \vert \sqrt{\ }$ kII = **45 cm**
	15.	$kII^2 = (58\ cm)^2 - (40\ cm)^2$ $kII^2 = 3364\ cm^2 - 1600\ cm^2$ $kII^2 = 1764\ cm^2 \quad \vert \sqrt{\ }$ kII = **42 cm**
	16.	$kII^2 = (61\ cm)^2 - (60\ cm)^2$ $kII^2 = 3721\ cm^2 - 3600\ cm^2$ $kII^2 = 121\ cm^2 \quad \vert \sqrt{\ }$ kII = **11 cm**
	17.	$kII^2 = (65\ cm)^2 - (33\ cm)^2$ $kII^2 = 4225\ cm^2 - 1089\ cm^2$ $kII^2 = 3136\ cm^2 \quad \vert \sqrt{\ }$ kII = **56 cm**
	18.	$kII^2 = (68\ cm)^2 - (32\ cm)^2$ $kII^2 = 4624\ cm^2 - 1024\ cm^2$ $kII^2 = 3600\ cm^2 \quad \vert \sqrt{\ }$ kII = **60 cm**
	19.	$kII^2 = (73\ cm)^2 - (48\ cm)^2$ $kII^2 = 5329\ cm^2 - 2304\ cm^2$ $kII^2 = 3025\ cm^2 \quad \vert \sqrt{\ }$ kII = **55 cm**
	20.	$kII^2 = (82\ cm)^2 - (18\ cm)^2$ $kII^2 = 6724\ cm^2 - 324\ cm^2$ $kII^2 = 6400\ cm^2 \quad \vert \sqrt{\ }$ kII = **80 cm**

Seite 26	Aufg.	Lösungen
Kreise, Halbkreise, Viertelkreise	1.	U ≈ 12,56 cm
	2.	U ≈ 37,68 cm
	3.	U ≈ 31,4 cm
	4.	U ≈ 50,24 cm
	5.	A ≈ 12,56 cm^2
	6.	A ≈ 113,04 cm^2
	7.	A ≈ 78,5 cm^2
	8.	A ≈ 200,96 cm^2
	9.	r ≈ 7 cm
	10.	r ≈ 9 cm
	11.	U ≈ 25,7 cm
	12.	U ≈ 41,12 cm
	13.	U ≈ 46,26 cm
	14.	A ≈ 226,08 cm^2
	15.	A ≈ 1230,88 cm^2
	16.	U ≈ 71,4 cm
	17.	U ≈ 114,24 cm
	18.	U ≈ 128,52 cm
	19.	A ≈ 1519,76 cm^2
	20.	A ≈ 1808,64 cm^2

Seite 28	Aufg.	Lösungen	
Planimetrie (Formeln)		Umfang (Formel)	Flächeninhalt (Formel)
	Quadrat:	$U = 4 \cdot a$	$A = a^2$
	Rechteck:	$U = 2 \cdot a + 2 \cdot b$	$A = a \cdot b$
	Raute:	$U = 4 \cdot a$	$A = \frac{e \cdot f}{2}$
	Drachen(viereck):	$U = 2 \cdot a + 2 \cdot b$	$A = \frac{e \cdot f}{2}$
	Parallelogramm:	$U = 2 \cdot a + 2 \cdot b$	$A = g \cdot h_a$
	Trapez:	$U = a + b + c + d$	$A = \frac{a + c}{2} \cdot h_a$
	Dreieck:	$U = a + b + c$	$A = \frac{g \cdot h}{2}$
	Kreis:	$U = 2 \cdot r \cdot \pi$	$A = r^2 \cdot \pi$
	Halbkreis:	$U = r \cdot \pi + 2 \cdot r$	$A = \frac{r^2 \cdot \pi}{2}$
	Viertelkreis:	$U = \frac{r \cdot \pi}{2} + 2 \cdot r$	$A = \frac{r^2 \cdot \pi}{4}$

Seite 29	Aufg.	Lösungen		
Geometrische Körper (Flächen, Kanten, Ecken)	Name des Körpers:	Zahl der Flächen	Zahl der Kanten	Zahl der Ecken
	Würfel (= Kubus)	6	12	8
	Quader (= Rechtecksäule)	6	12	8
	Quadratische Pyramide	5	8	5
	Dreiecksäule	5	9	6
	Zylinder (= Rundsäule)	3	2	0
	Kegel	2	1	0
	Kugel	1	0	0

Seite 30	Aufg.	Lösungen
Würfel	1.	V = 8 cm^3
	2.	V = 729 cm^3
	3.	V = 2197 cm^3
	4.	V = 5832 cm^3
	5.	V = 15625 cm^3
	6.	a = 4 cm
	7.	a = 5 cm
	8.	a = 7 cm
	9.	a = 8 cm
	10.	a = 10 cm
	11.	O = 96 cm^2
	12.	O = 216 cm^2
	13.	O = 726 cm^2
	14.	O = 1734 cm^2
	15.	O = 3174 cm^2
	16.	a = 13 cm
	17.	a = 15 cm
	18.	a = 19 cm
	19.	a = 21 cm
	20.	a = 24 cm

Seite31	Aufg.	Lösungen
Quader	1.	$V = 5\ cm \cdot 4\ cm \cdot 3\ cm$ V = **60 cm^3**
	2.	$V = 8\ cm \cdot 6\ cm \cdot 4\ cm$ V = **192 cm^3**
	3.	$V = 9\ cm \cdot 7\ cm \cdot 5\ cm$ V = **315 cm^3**
	4.	$V = 12\ cm \cdot 8\ cm \cdot 7\ cm$ V = **672 cm^3**
	5.	$a = \frac{24\ cm^3}{3\ cm \cdot 2\ cm}$ $a = \frac{24}{6}$ cm = **4 cm**
	6.	$a = \frac{90\ cm^3}{5\ cm \cdot 3\ cm}$ $a = \frac{90}{15}$ cm = **6 cm**
	7.	$a = \frac{300\ cm^3}{6\ cm \cdot 5\ cm}$ $a = \frac{300}{30}$ cm = **10 cm**
	8.	$a = \frac{693\ dm^3}{7\ dm \cdot 9\ dm}$ $a = \frac{693}{63}$ dm = **11 dm**
	9.	$b = \frac{1008\ dm^3}{14\ dm \cdot 6\ dm}$ $b = \frac{1008}{84}$ dm = **12 dm**
	10.	$b = \frac{1560\ dm^3}{8\ dm \cdot 13\ dm}$ $b = \frac{1560}{104}$ dm = **15 dm**
	11.	$b = \frac{1836\ dm^3}{12\ dm \cdot 9\ dm}$ $b = \frac{1836}{108}$ dm = **17 dm**
	12.	$b = \frac{2717\ dm^3}{11\ dm \cdot 13\ dm}$ $b = \frac{2717}{143}$ dm = **19 dm**
	13.	$c = \frac{3024\ m^3}{16\ m \cdot 9\ m}$ $c = \frac{3024}{144}$ m = **21 m**
	14.	$c = \frac{4675\ m^3}{11\ m \cdot 17\ m}$ $c = \frac{4675}{187}$ m = **25 m**
	15.	$c = \frac{6916\ m^3}{14\ m \cdot 19\ m}$ $c = \frac{6916}{266}$ m = **26 m**
	16.	$c = \frac{9135\ m^3}{15\ m \cdot 21\ m}$ $c = \frac{9135}{315}$ m = **29 m**
	17.	$O = 2 \cdot 4\ m \cdot 3\ m + 2 \cdot 4\ m \cdot 2\ m + 2 \cdot 3\ m \cdot 2\ m$ $O = 24\ m^2 + 16\ m^2 + 12\ m^2$ = **52 m^2**
	18.	$O = 2 \cdot 6\ dm \cdot 7\ dm + 2 \cdot 6\ dm \cdot 3\ dm + 2 \cdot 7\ dm \cdot 3\ dm$ $O = 84\ dm^2 + 36\ dm^2 + 42\ dm^2$ = **162 dm^2**
	19.	$O = 2 \cdot 5\ cm \cdot 9\ cm + 2 \cdot 5\ cm \cdot 4\ cm + 2 \cdot 9\ cm \cdot 4\ cm$ $O = 90\ cm^2 + 40cm^2 + 72\ cm^2$ = **202 cm^2**
	20.	$O = 2 \cdot 7\ mm \cdot 6\ mm + 2 \cdot 7\ mm \cdot 8\ mm + 2 \cdot 6\ mm \cdot 8\ mm$ $O = 84\ mm^2 + 112\ mm^2 + 96\ mm^2$ = **292 mm^2**

Lösungen

Seite 32	Aufg.	Lösungen
Quadratische Pyramiden	1.	$V = \frac{2\text{ cm} \cdot 2\text{ cm} \cdot 6\text{ cm}}{3}$ $V = \mathbf{8\text{ cm}^3}$
	2.	$V = \frac{5\text{ cm} \cdot 5\text{ cm} \cdot 9\text{ cm}}{3}$ $V = \mathbf{75\text{ cm}^3}$
	3.	$V = \frac{7\text{ cm} \cdot 7\text{ cm} \cdot 12\text{ cm}}{3}$ $V = \mathbf{196\text{ cm}^3}$
	4.	$V = \frac{8\text{ cm} \cdot 8\text{ cm} \cdot 15\text{ cm}}{3}$ $V = \mathbf{320\text{ cm}^3}$
	5.	$V = \frac{9\text{ cm} \cdot 9\text{ cm} \cdot 18\text{ cm}}{3}$ $V = \mathbf{486\text{ cm}^3}$
	6.	$h = \frac{3 \cdot 21\text{ cm}^3}{3\text{ cm} \cdot 3\text{ cm}}$ $h = \mathbf{7\text{ cm}}$
	7.	$h = \frac{3 \cdot 32\text{ cm}^3}{4\text{ cm} \cdot 4\text{ cm}}$ $h = \mathbf{6\text{ cm}}$
	8.	$h = \frac{h = 3 \cdot 96\text{ dm}^3}{6\text{ dm} \cdot 6\text{ dm}}$ $h = \mathbf{8\text{ dm}}$
	9.	$h = \frac{3 \cdot 270\text{ dm}^3}{6\text{ dm} \cdot 6\text{ dm}}$ $h = \mathbf{10\text{ dm}}$
	10.	$h = \frac{3 \cdot 672\text{ dm}^3}{12\text{ dm} \cdot 12\text{ dm}}$ $h = \mathbf{14\text{ dm}}$
	11.	$a = \sqrt{\frac{3 \cdot 676\text{ dm}^3}{12\text{ dm}}}$ $a = \mathbf{13\text{ dm}}$
	12.	$a = \sqrt{\frac{3 \cdot 1050\text{ m}^3}{14\text{ m}}}$ $a = \mathbf{15\text{ m}}$
	13.	$a = \sqrt{\frac{3 \cdot 1620\text{ m}^3}{15\text{ m}}}$ $a = \mathbf{18\text{ m}}$
	14.	$a = \sqrt{\frac{3 \cdot 2499\text{ m}^3}{17\text{ m}}}$ $a = \mathbf{21\text{ m}}$
	15.	$a = \sqrt{\frac{3 \cdot 2904\text{ m}^3}{18\text{ m}}}$ $a = \mathbf{22\text{ m}}$
	16.	$O = 6\text{ cm} \cdot 6\text{ cm} + 2 \cdot 6\text{ cm} \cdot 5\text{ cm}$ $O = 36\text{ cm}^2 + 60\text{ cm}^2 = \mathbf{96\text{ cm}^2}$
	17.	$O = 10\text{ cm} \cdot 10\text{ cm} + 2 \cdot 10\text{ cm} \cdot 13\text{ cm}$ $O = 100\text{ cm}^2 + 260\text{ cm}^2 = \mathbf{360\text{ cm}^2}$
	18.	$O = 16\text{ dm} \cdot 16\text{ dm} + 2 \cdot 16\text{ dm} \cdot 10\text{ dm}$ $O = 256\text{ dm}^2 + 320\text{ dm}^2 = \mathbf{576\text{ dm}^2}$
	19.	$O = 24\text{ dm} \cdot 24\text{ dm} + 2 \cdot 24\text{ dm} \cdot 20\text{ dm}$ $O = 576\text{ dm}^2 + 960\text{ dm}^2 = \mathbf{1536\text{ dm}^2}$
	20.	$O = 30\text{ m} \cdot 30\text{ m} + 2 \cdot 30\text{ m} \cdot 17\text{ m}$ $O = 900\text{ m}^2 + 1020\text{ m}^2 = \mathbf{1920\text{ m}^2}$

Seite 33	Aufg.	Lösungen
Krummflächige Körper	1.	$V \approx 196{,}56\text{ cm}^3$
	2.	$V \approx 706{,}5\text{ cm}^3$
	3.	$h \approx 10\text{ cm}$
	4.	$h \approx 15\text{ cm}$
	5.	$r \approx 9\text{ cm}$
	6.	$O \approx 1946{,}8\text{ cm}^2$
	7.	$M \approx 3014{,}4\text{ cm}^2$
	8.	$V \approx 150{,}72\text{ dm}^3$
	9.	$V \approx 376{,}8\text{ dm}^3$
	10.	$h \approx 12\text{ dm}$
	11.	$h \approx 14\text{ dm}$
	12.	$r \approx 12\text{ dm}$
	13.	$O \approx 2025{,}3\text{ dm}^2$
	14.	$M \approx 1789{,}8\text{ dm}^2$
	15.	$V \approx 113{,}04\text{ m}^3$
	16.	$V \approx 3052{,}08\text{ m}^3$
	17.	$V \approx 14130\text{ m}^3$
	18.	$O \approx 4069{,}44\text{ m}^2$
	19.	$O \approx 6079{,}04\text{ m}^2$
	20.	$O \approx 9156{,}24\text{ m}^2$

Seite 36	Aufg.		
Einfache und zusammengesetzte Figuren	1.	*Quadrat*	$U = 3\text{ cm} + 3\text{ cm} + 3\text{ cm} + 3\text{ cm}$ $U = 12\text{ cm}$ $A = 3\text{ cm} \cdot 3\text{ cm}$ $A = 9\text{ cm}^2$
	2.	*Rechteck*	$U = 5\text{ cm} + 5\text{ cm} + 4\text{ cm} + 4\text{ cm}$ $U = 18\text{ cm}$ $A = 5\text{ cm} \cdot 4\text{ cm}$ $A = 20\text{ cm}^2$
	3.	*Raute*	$U = 5\text{ cm} + 5\text{ cm} + 5\text{ cm} + 5\text{ cm}$ $U = 20\text{ cm}$ $A = \frac{e \cdot f}{2}$ $A = \frac{6\text{ cm} \cdot 8\text{ cm}}{2}$ $A = \frac{48\text{ cm}^2}{2}$ $A = 24\text{ cm}^2$
	4.	*rechtwinkliges Dreieck*	$U = 8\text{ cm} + 10\text{ cm} + 6\text{ cm}$ $U = 24\text{ cm}$ $A = \frac{g \cdot h}{2}$ $A = \frac{8\text{ cm} \cdot 6\text{ cm}}{2}$ $A = \frac{48\text{ cm}^2}{2}$ $A = 24\text{ cm}^2$
	5.	*Kreis*	$U = 2 \cdot r \cdot \pi$ $U \approx 2 \cdot 3\text{ cm} \cdot 3{,}14$ $U \approx 6\text{ cm} \cdot 31{,}4$ $U \approx 18{,}84\text{ cm}$ $A = r \cdot r \cdot \pi = r^2 \cdot \pi$ $A \approx 3\text{ cm} \cdot 3\text{ cm} \cdot 3{,}14$ $A \approx 9\text{ cm}^2 \cdot 3{,}14$ $A \approx 28{,}26\text{ cm}^2$
	6.	*Rechteck und Quadrat*	$U = 3\text{ cm} + 3\text{ cm} + 1{,}5\text{ cm} + 4\text{ cm} + 6\text{ cm} + 4\text{ cm} + 1{,}5\text{ cm} + 3\text{ cm}$ $U = 26\text{ cm}$ $A = a \cdot a + a \cdot b$ $A = 3\text{ cm} \cdot 3\text{ cm} + 4\text{ cm} \cdot 6\text{ cm}$ $A = 9\text{ cm}^2 + 24\text{ cm}^2$ $A = 33\text{ m}^2$
	7.	*gleichschenkliges Dreieck und Rechteck*	$U = 8\text{ cm} + 3\text{ cm} + 5\text{ cm} + 5\text{ cm} + 3\text{ cm}$ $U = 24\text{ cm}$ $A = a \cdot b + \frac{g \cdot h}{2}$ $A = 8\text{ cm} \cdot 3\text{ cm} + \frac{8\text{ cm} \cdot 3\text{ cm}}{2}$ $A = 24\text{ cm}^2 + 12\text{ cm}^2$ $A = 36\text{ cm}^2$
	8.	*Halbkreis und Quadrat*	$U = 3 \cdot a + r \cdot \pi$ $U \approx 12\text{ cm} + 2\text{ cm} \cdot 3{,}14$ $U \approx 12\text{ cm} + 6{,}28\text{ cm}$ $U \approx 18{,}28\text{ cm}$ $A = a \cdot a + \frac{r^2 \cdot \pi}{2}$ $A \approx 4\text{ cm} \cdot 4\text{ cm} + \frac{2\text{ cm} \cdot 2\text{ cm} \cdot 3{,}14}{2}$ $A \approx 16\text{ cm}^2 + 6{,}28\text{ cm}^2$ $A \approx 22{,}28\text{ cm}^2$
	9.	*Rechteck und Viertelkreis*	$U = 5\text{ cm} + 3\text{ cm} + 5\text{ cm} + \frac{r \cdot \pi}{2}$ $U \approx 13\text{ cm} + \frac{3\text{ cm} \cdot 3{,}14}{2}$ $U \approx 13\text{ cm} + 4{,}71\text{ cm}$ $U \approx 17{,}71\text{ cm}$ $A = 5\text{ cm} \cdot 3\text{ cm} + \frac{r^2 \cdot \pi}{4}$ $A \approx 15\text{ cm}^2 + \frac{3\text{ cm} \cdot 3\text{ cm} \cdot 3{,}14}{4}$ $A \approx 15\text{ cm}^2 + 7{,}065\text{ cm}^2$ $A \approx 22{,}065\text{ cm}^2$
	10.	*Rechteck minus Viertelkreis*	$U = 3\text{ cm} + 4\text{ cm} + 7\text{ cm} + \frac{r \cdot \pi}{2}$ $U \approx 14\text{ cm} + \frac{4\text{ cm} \cdot 3{,}14}{2}$ $U \approx 14\text{ cm} + 6{,}28\text{ cm}$ $U \approx 20{,}28\text{ cm}$ $A = 4\text{ cm} \cdot 7\text{ cm} - \frac{r^2 \cdot \pi}{4}$ $A \approx 28\text{ cm}^2 - \frac{4\text{ cm} \cdot 4\text{ cm} \cdot 3{,}14}{4}$ $A \approx 28\text{ cm}^2 - 12{,}56\text{ cm}^2$ $A \approx 15{,}44\text{ cm}^2$

Lösungen

Seite 39	Aufg.	Lösungen	Aufg.	Lösungen
Textaufgaben (Planimetrie, Stereometrie)	1.	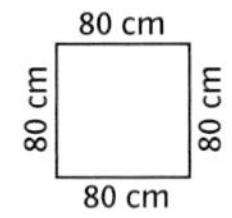 80 cm, 80 cm, 80 cm, 80 cm Gegeben: a = 80 cm Gesucht: A A = a · a A = 80 cm · 80 cm A = 6 400 cm² *Die Tischplatte hat eine Fläche von 6 400 cm².*	11.	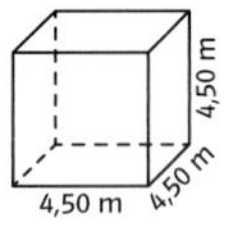 4,50 m, 4,50 m, 4,50 m Gegeben: a = 4,50 m Gesucht: V V = a · a · a = a³ V = 4,50 m · 4,50 m · 4,50 m V = 91,125 m³ *Der Videowürfel hat einen Rauminhalt von 91,125 m³.*
	2.	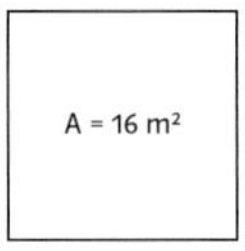 A = 16 m² Gegeben: A = 16 m² Gesucht: a A = a · a A = a² a² = 16 m² $\quad \mid \sqrt{\ }$ a = 4 m *Jede Seite des Blumenbeetes ist 4 m lang.*	12.	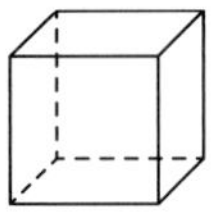 Gegeben: V = 216 cm³ Gesucht: a V = a · a · a = a³ a³ = V a³ = 216 cm³ $\quad \mid \sqrt[3]{\ }$ a = 6 cm *Jede Kante des Würfels ist 6 cm lang.*
	3.	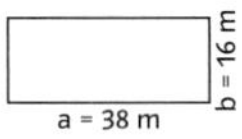 a = 38 m, b = 16 m Gegeben: a = 38 m, b = 16 m Gesucht: A A = 38 m · 16 m A = 608 m² *Das Baugrundstück ist 608 m² groß.*	13.	 Gegeben: a = 12 m, b = 6 m, c = 0,90 m Gesucht: V V = a · b · c V = 12 m · 6 m · 0,90 m V = 64,8 m³ *Im Swimmingpool sind 64,8 m³ Wasser.*
	4.	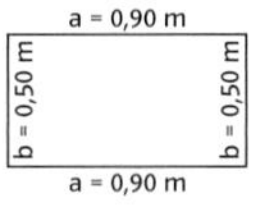 a = 0,90 m, b = 0,50 m, b = 0,50 m, a = 0,90 m Gegeben: a = 0,90 m, b = 0,50 m Gesucht: U U = 90 cm + 90 cm + 50 cm + 50 cm U = 280 cm *Der Bilderrahmen ist insgesamt 280 cm lang.*	14.	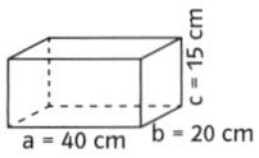 a = 40 cm, b = 20 cm, c = 15 cm Gegeben: a = 40 cm, b = 20 cm, c = 15 cm Gesucht: O O = 2 · a · b + 2 · a · c + 2 · b · c O = 2 · 40 cm · 20 cm + 2 · 40 cm · 15 cm + 2 · 20 cm · 15 cm O = 1600 cm² + 1200 cm² + 600 cm² O = 3 400 cm² *3 400 cm² des Kartons sind beklebt.*
	5.	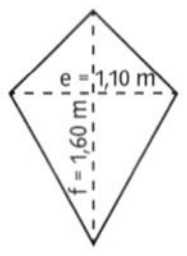 e = 1,10 m, f = 1,60 m Gegeben: e = 1,10 m, f = 1,60 m Gesucht: A A = e · f · 2 $A = \frac{1{,}10\ m \cdot 1{,}60\ m}{2}$ A = 0,88 m² *Die Flächengröße des Drachens beträgt 0,88 m².*	15.	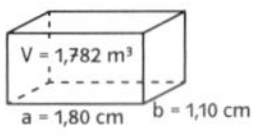 V = 1,782 m³, a = 1,80 cm, b = 1,10 cm Gegeben: a = 1,80 m, b = 1,10 m, V = 1,782 m³ Gesucht: c V = a · b · c Umstellung der Formel: $c = \frac{V}{a \cdot b}$ $c = \frac{1{,}782\ m^3}{1{,}80\ m \cdot 1{,}10\ m} = \frac{1{,}782\ m^3}{1{,}98\ m^2} = 0{,}9\ m$ *Die Kiste hat eine Höhe von 0,90 m.*
	6.	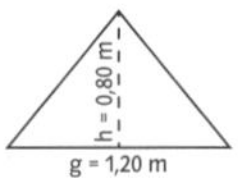 h = 0,80 m, g = 1,20 m Gegeben: g = 1,20 m, h_g = 0,80 m Gesucht: A $A = \frac{g \cdot h_g}{2}$ $A = \frac{1{,}20\ m \cdot 0{,}80\ m}{2}$ A = 0,48 m² *Das Giebelfenster hat eine Fläche von 0,48 m².*	16.	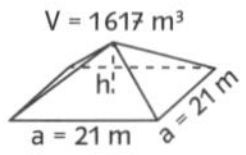 V = 1617 m³, h, a = 21 m, a = 21 m Gegeben: a = 21 m, V = 1617 m³ Gesucht: h $V = \frac{a^2 \cdot h}{3}$ Umstellung der Formel: $h = \frac{3 \cdot V}{a^2}$ $h = \frac{3 \cdot 1617\ m^3}{21\ m \cdot 21\ m} = \frac{4851\ m^3}{441\ m^2} = 11\ m$ *Das Gebäude ist 11 m hoch.*
	7.	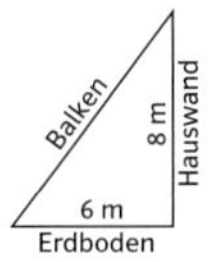 Balken, 8 m, Hauswand, 6 m, Erdboden *Satz des Pythagoras anwenden!* Gegeben: Kathete I = 6 m, Kathete II = 8 m Gesucht: Hypotenuse $h^2 = k_I^2 + k_{II}^2$ h² = (6 m)² + (8 m)² h² = 36 m² + 64 m² h² = 100 m² $\quad \mid \sqrt{\ }$ h = 10 m *Der Balken ist 10 m lang.*	17.	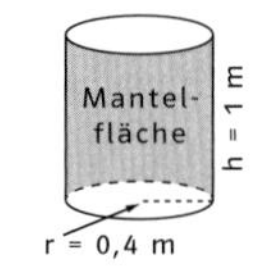 Mantelfläche, h = 1 m, r = 0,4 m Gegeben: d = 80 cm, h = 1 m (d = 2 · r!) Gesucht: M M = 2 · Pi · r · h M ≈ 2 · 3,14 · 0,4 m · 1 m M ≈ 6,28 · 0,4 m² M ≈ 2,512 m² *Die Mantelfläche des zylindrischen Behälters ist ca. 2,512 m² groß.*
	8.	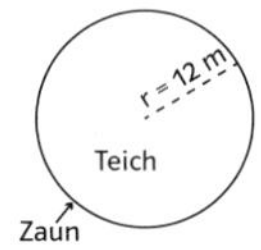 r = 12 m, Teich, Zaun Gegeben: r = 12 m Gesucht: U U = 2 · r · π U ≈ 2 · 12 m · 3,14 U ≈ 24 m · 3,14 U ≈ 75,36 m *Der Zaun wird etwa 75,36 m lang.*	18.	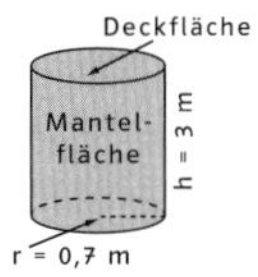 Deckfläche, Mantelfläche, h = 3 m, r = 0,7 m Gegeben: h = 3 m, r = 0,7 m Gesucht: Mantelfläche (M) + Deckfläche (D) M + D = 2 · π · r · h + r² · π M + D ≈ 2 · 3,14 · 0,7 m · 3 m + 0,7 m · 0,7 m · 3,14 M + D ≈ 6,28 · 2,1 m² + 1,5386 m² M + D ≈ 13,188 m² + 1,5386 m² ≈ 14,7266 m² *Die Fläche, die angestrichen wird, ist ca. 14,7266 m² groß.*
	9.	 r = 30 m, kreisförmiges Blech Gegeben: r = 30 cm Gesucht: A A = r · r · π A = r² · π A ≈ 30 cm · 30 cm + 3,14 A ≈ 900 cm² · 3,14 A ≈ 2 826 cm² *Das kreisförmige Stück Blech ist ca. 2 826 cm² groß.*	19.	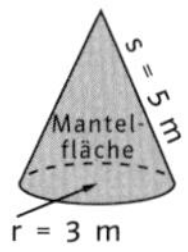 s = 5 m, Mantelfläche, r = 3 m Gegeben: r = 3 m, s = 5 m Gesucht: Mantelfläche (M) M = r · π · s M ≈ 3 m · 3,14 · 5 m M ≈ 15 m² · 3,14 M ≈ 47,1 m² *Die neuen Dachpfannen bedecken eine Fläche von etwa 47,1 m².*
	10.	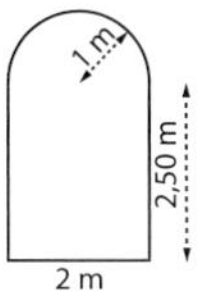 1 m, 2,50 m, 2 m Gegeben: a = 2 m, b = 2,50 m, r = 1 m Gesucht: A $A = 2\ m \cdot 2{,}50\ m + \frac{r^2 \cdot \pi}{2}$ $A \approx 5\ m^2 + \frac{1\ m \cdot 1\ m \cdot 3{,}14}{2}$ A ≈ 5 m² + 1,57 m² A ≈ 6,57 m² *Die Tür ist ungefähr 6,57 m² groß.*	20.	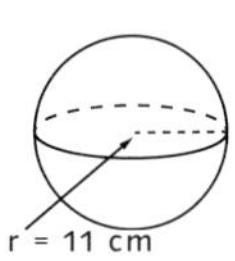 r = 11 cm Gegeben: d = 22 cm Gesucht: V $V = \frac{4 \cdot r^3 \cdot \pi}{3}$ $V \approx \frac{4 \cdot (11\ cm)^3 \cdot 3{,}14}{3} = \frac{4 \cdot 1331\ cm^3 \cdot 3{,}14}{3}$ $V \approx \frac{16\,717{,}36\ cm^3}{3}$ V ≈ 5 572,453 cm³ ≈ 0,005572453 m³ *In dem aufgepumpten Ball sind ungefähr 0,005572453 m³ Luft.*

Lösungen

Seite 45	Aufg.	Lösungen
Test: Geometrie · A	1.	Strecke
	2.	Z. B.: nicht rechtwinklige Dreiecke, rechtwinklige Dreiecke …
	3.	z. B.:
	4.	$\alpha = 145°$
	5.	z. B.: 212°
	6.	a = 4,5 cm $U = 4 \cdot a$ $U = 4{,}5\text{ cm} + 4{,}5\text{ cm} + 4{,}5\text{ cm} + 4{,}5\text{ cm}$ $U = 18\text{ cm}$
	7.	a = 6,5 cm, b = 3,5 cm $A = a \cdot b$ $A = 6{,}5\text{ cm} \cdot 3{,}5\text{ cm}$ $A = 22{,}75\text{ cm}^2$
	8.	$A = \frac{e \cdot f}{2}$
	9.	20 cm, 13 cm, 12 cm, 21 cm $U = a + b + c$ $U = 13\text{ cm} + 20\text{ cm} + 21\text{ cm}$ $U = 54\text{ cm}$ $A = \frac{g \cdot h}{2}$ $A = \frac{21\text{ cm} \cdot 12\text{ cm}}{2}$ $A = 126\text{ cm}^2$
	10.	Hypotenuse, Kathete, Kathete In jedem rechtwinkligen Dreieck sind die Flächen der beiden Katheten-Quadrate genauso groß wie das Hypotenuse-Quadrat.
	11.	r = 3 cm $U = 2 \cdot r \cdot \pi$ $U \approx 2 \cdot r\text{ cm} \cdot 3{,}14$ $U \approx 6\text{ cm} \cdot 3{,}14$ $U \approx 18{,}84\text{ cm}$
	12.	r = 4 cm $A = \frac{r^2 \cdot \pi}{4}$ $A \approx \frac{4\text{ cm} \cdot 4\text{ cm} \cdot 3{,}14}{4}$ $A \approx 12{,}56\text{ cm}^2$
	13.	z. B.: Zylinder, Kegel, Kugel …
	14.	6 Flächen, 12 Kanten
	15.	$V = a \cdot b \cdot c$
	16.	$O = 6 \cdot a^2$ oder $O = 6 \cdot a \cdot a$
	17.	r = 1,5 m, h = 4 cm $V = r \cdot r \cdot \pi \cdot h$ $V = r^2 \cdot \pi \cdot h$ $V \approx 1{,}5\text{ m} \cdot 1{,}5\text{ m} \cdot 3{,}14 \cdot 4\text{ m}$ $V \approx 2{,}25\text{ m}^2 \cdot 12{,}56\text{ m}$ $V \approx 28{,}26\text{ m}^3$
	18.	$V = \frac{r^2 \cdot \pi \cdot h}{3}$ $\quad \mid \cdot 3$ $3 \cdot V = r^2 \cdot \pi \cdot h$ $\quad \mid : (r^2 \cdot h)$ $\frac{3 \cdot V}{r^2 \cdot \pi} = h$ $h = \frac{3 \cdot V}{r^2 \cdot \pi}$
	19.	$V = a \cdot b \cdot c$ $V = 2\text{ m} \cdot 1{,}5\text{ m} \cdot 1{,}2\text{ m}$ $V = 3\text{ m}^2 \cdot 1{,}2$ $V = 3{,}6\text{ m}^3$ $V = 3\,600\text{ dm}^3$ (= Liter)
	20.	$d = 2 \cdot r!$ $O = 4 \cdot r \cdot r \cdot \pi$ $O \approx 4 \cdot 10\text{ cm} \cdot 10\text{ cm} \cdot 3{,}14$ $O \approx 4 \cdot 100\text{ cm}^2 \cdot 3{,}14$ $O \approx 400\text{ cm}^2 \cdot 3{,}14$ $O \approx 1256\text{ cm}^2$

Seite 49	Aufg.	Lösungen ((diverse Grafiken))
Test: Geometrie · B	1.	Gerade
	2.	Z. B.: Quadrate, Rechtecke …
	3.	z. B.:
	4.	$\alpha = 135°$
	5.	z. B.: 248°
	6.	a = 5,5 cm $A = a \cdot a$ $A = a^2$ $A = 5{,}5\text{ cm} \cdot 5{,}5\text{ cm}$ $A = 30{,}25\text{ cm}^2$
	7.	a = 7,5 cm, b = 4,5 cm $U = 2 \cdot a + 2 \cdot b$ $U = 2 \cdot 7{,}5\text{ cm} + 2 \cdot 4{,}5\text{ cm}$ $U = 15\text{ cm} + 9\text{ cm}$ $U = 24\text{ cm}$
	8.	$A = \frac{e \cdot f}{2}$
	9.	17 cm, 10 cm, 8 cm, 21 cm $U = a + b + c$ $U = 10\text{ cm} + 17\text{ cm} + 21\text{ cm}$ $U = 48\text{ cm}$ $A = \frac{g \cdot h}{2}$ $A = \frac{21\text{ cm} \cdot 8\text{ cm}}{2}$ $A = 84\text{ cm}^2$
	10.	Hypotenuse (h), Kathete (I), Kathete (II) $h^2 = k_I^2 + k_{II}^2$
	11.	r = 3 cm $A = r \cdot r \cdot \pi$ $A = r^2 \cdot \pi$ $A \approx 3\text{ cm} \cdot 3\text{ cm} \cdot 3{,}14$ $A \approx 9\text{ cm}^2 \cdot 3{,}14$ $A \approx 28{,}26\text{ cm}^2$
	12.	r = 4 cm, r = 4 cm $U = r \cdot \pi + 2 \cdot r$ $U \approx 4\text{ cm} \cdot 3{,}14 + 2 \cdot 4\text{ cm}$ $U \approx 12{,}56\text{ cm} + 8\text{ cm}$ $U \approx 20{,}56\text{ cm}$
	13.	z. B.: Würfel, Quader, Pyramide …
	14.	6 Flächen, 12 Kanten
	15.	$V = a \cdot a \cdot a$ oder $V = a^3$
	16.	$O = 2 \cdot a \cdot b + 2 \cdot a \cdot c + 2 \cdot b \cdot c$
	17.	a = 30 m, a = 30 m $V = \frac{a \cdot a \cdot h}{3} = \frac{a^2 \cdot h}{3}$ $V = \frac{30\text{ m} \cdot 30\text{ m} \cdot 30\text{ m}}{3} = \frac{27\,000\text{ m}^3}{3}$ $V = 9\,000\text{ m}^3$
	18.	$O = 4 \cdot r^2 \cdot \pi$ $\quad \mid : (4 \cdot \pi)$ $\frac{O}{4 \cdot \pi} = r^2$ $\quad \mid \sqrt{\ }$ $\sqrt{\frac{O}{4 \cdot \pi}} = r$ $r = \sqrt{\frac{O}{4 \cdot \pi}}$
	19.	$V = a \cdot b \cdot c$ $V = 18{,}50\text{ m} \cdot 13{,}50\text{ m} \cdot 5\text{ m}$ $V = 249{,}75\text{ m}^2 \cdot 5\text{ m}$ $V = 1\,248{,}75\text{ m}^3$ $V = 1\,248\,750\text{ dm}^3$ (= Liter)
	20.	$d = 2 \cdot r!$ $M = 2 \cdot \pi \cdot r \cdot h$ $M \approx 2 \cdot 3{,}14 \cdot 5\text{ cm} \cdot 12\text{ cm}$ $M \approx 6{,}28 \cdot 60\text{ cm}^2$ $M \approx 376{,}8\text{ cm}^2$

Lösungen

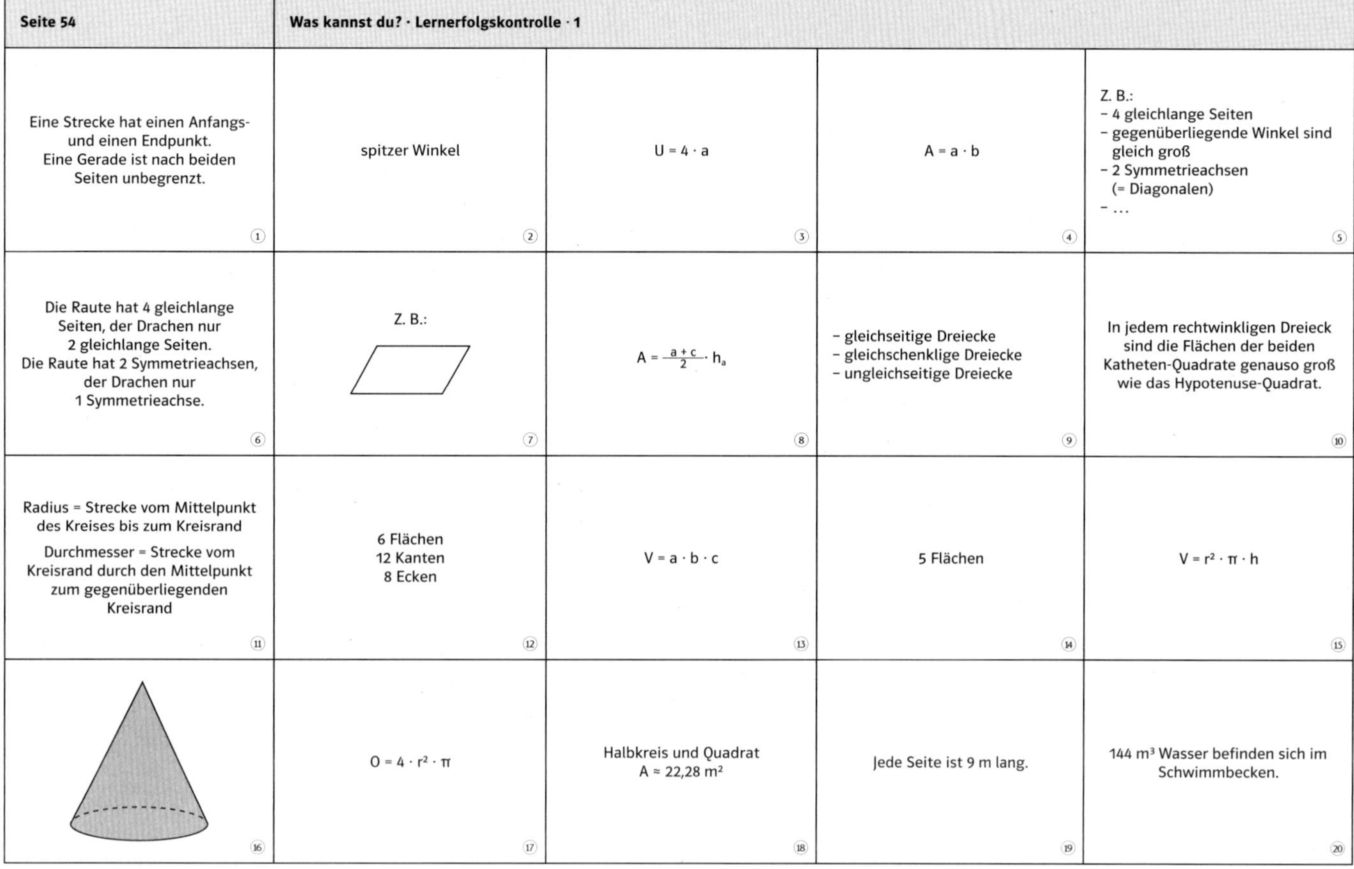

Seite 54	Was kannst du? · Lernerfolgskontrolle · 1			
Eine Strecke hat einen Anfangs- und einen Endpunkt. Eine Gerade ist nach beiden Seiten unbegrenzt. (1)	spitzer Winkel (2)	$U = 4 \cdot a$ (3)	$A = a \cdot b$ (4)	Z. B.: – 4 gleichlange Seiten – gegenüberliegende Winkel sind gleich groß – 2 Symmetrieachsen (= Diagonalen) – … (5)
Die Raute hat 4 gleichlange Seiten, der Drachen nur 2 gleichlange Seiten. Die Raute hat 2 Symmetrieachsen, der Drachen nur 1 Symmetrieachse. (6)	Z. B.: (7)	$A = \frac{a + c}{2} \cdot h_a$ (8)	– gleichseitige Dreiecke – gleichschenklige Dreiecke – ungleichseitige Dreiecke (9)	In jedem rechtwinkligen Dreieck sind die Flächen der beiden Katheten-Quadrate genauso groß wie das Hypotenuse-Quadrat. (10)
Radius = Strecke vom Mittelpunkt des Kreises bis zum Kreisrand Durchmesser = Strecke vom Kreisrand durch den Mittelpunkt zum gegenüberliegenden Kreisrand (11)	6 Flächen 12 Kanten 8 Ecken (12)	$V = a \cdot b \cdot c$ (13)	5 Flächen (14)	$V = r^2 \cdot \pi \cdot h$ (15)
(16)	$O = 4 \cdot r^2 \cdot \pi$ (17)	Halbkreis und Quadrat $A \approx 22{,}28\ m^2$ (18)	Jede Seite ist 9 m lang. (19)	144 m^3 Wasser befinden sich im Schwimmbecken. (20)

Seite 55	Was kannst du? · Lernerfolgskontrolle · 2			
g (1)	stumpfe Winkel (2)	$A = 49\ cm^2$ (3)	$A = 10\ cm^2$ (4)	8 cm 4 cm (5)
3 cm^2 (6)	50 cm (7)	gleichschenklig: 6 cm Schenkel Schenkel 12 cm (8)	$A = \frac{g + h}{2}$ (9)	b = 10 cm (10)
$\approx 3{,}14 \rightarrow \pi$ (11)	8 cm^3 (12)	$O = 2 \cdot a \cdot b + 2 \cdot a \cdot c + 2 \cdot b \cdot c$ (13)	$h = \frac{3 \cdot V}{2^2}$ (14)	Grundfläche Mantelfläche Deckfläche (15)
Grundfläche = Kreis $A = r^2 \cdot \pi$ (16)	$V = \frac{r^2 \cdot \pi \cdot h}{3}$ (17)	Dreieck und Rechteck $A = 18\ m^2$ (18)	Länge = 43 m (19)	Plakatfläche $\approx 6{,}28\ m^2$ (20)